石灰石用于转炉炼钢
基础研究

唐 彪 著

北 京

冶 金 工 业 出 版 社

2024

内 容 提 要

本书针对转炉用石灰石造渣炼钢,通过物料和热量平衡计算、高温实验、石灰石分解动力学分析和物理模拟等手段开展一系列讨论。具体内容包括:理论分析、转炉温度条件下石灰石煅烧的行为、石灰石在转炉渣和铁水中的煅烧行为、石灰石在转炉渣和铁水中的分解动力学、转炉顶/底喷粉的物理模拟等。

本书可供从事冶金传输原理研究和炼钢技术开发的科研院所人员阅读。

图书在版编目(CIP)数据

石灰石用于转炉炼钢基础研究/唐彪著 . —北京:冶金工业出版社,2024. 6. —ISBN 978-7-5024-9918-1

Ⅰ. TF71

中国国家版本馆 CIP 数据核字第 2024B8N849 号

石灰石用于转炉炼钢基础研究

出版发行	冶金工业出版社	**电　话**	(010)64027926
地　址	北京市东城区嵩祝院北巷 39 号	**邮　编**	100009
网　址	www. mip1953. com	**电子信箱**	service@ mip1953. com

责任编辑　姜恺宁　美术编辑　彭子赫　版式设计　郑小利
责任校对　葛新霞　责任印制　窦　唯
北京建宏印刷有限公司印刷
2024 年 6 月第 1 版,2024 年 6 月第 1 次印刷
710mm×1000mm　1/16;8.5 印张;164 千字;127 页
定价 69. 00 元

投稿电话　(010)64027932　投稿信箱　tougao@ cnmip. com. cn
营销中心电话　(010)64044283
冶金工业出版社天猫旗舰店　yjgycbs. tmall. com
(本书如有印装质量问题,本社营销中心负责退换)

前　　言

转炉用石灰石代替部分石灰炼钢是一项现代钢铁生产新工艺，可为节能减排、降低冶炼成本提供一条重要途径。该工艺使用石灰石替代石灰，可高效利用转炉热量，减少废钢消耗，提高冶炼的经济性，同时降低全流程CO_2排放。然而，研究者对该工艺系统总结较少。本书对转炉用石灰石造渣炼钢所涉及的基础问题进行深入分析，以期为此项工艺技术的开发、完善和应用奠定必要的基础。

本书针对转炉用石灰石造渣炼钢工艺，主要通过物料和热量平衡计算、高温实验、石灰石分解动力学分析以及水模型实验等手段进行分析。基于反应的吉布斯自由能变化，建立了CO_2与熔池易氧化元素的分配模型，进行转炉炼钢用石灰石造渣的物料平衡和热平衡分析，探讨了石灰石代替石灰的可行性，并确定了实验室条件下石灰石的最大替代比。针对向炉渣内添加块状石灰石可能存在的问题，提出并讨论了向铁水中喷吹粉粒状石灰石的方法。利用管式高温炉考察了石灰石在转炉温度条件下煅烧产物的活性变化，明确了温度和时间对活性的影响规律。采用旋转柱体试样法研究了石灰石在转炉渣和铁水中的煅烧行为，并确定了温度和转速对煅烧层厚度的影响规律。建立了石灰石分解动力学模型，对石灰石分解的限制环节进行系统分析，并利用动力学实验数据确定了相应的宏观动力学参数，用以预测煅烧过程中石灰石的转化率。基于相似理论，建立了几何比为1∶6的转炉物理模型，考察了利用顶枪和底枪喷吹粉粒状石灰石条件下熔池均混时间、颗粒穿透比和颗粒分布，并确定了最佳工艺参数。

师恩难忘，在东北大学传输原理和反应工程实验室攻读博士期间，有幸得到邹宗树和王晓鸣两位老师的悉心指导和大力支持，也感谢实验室的罗志国老师、王楠老师、李强老师、邵磊老师和刘爱华老师等在我的学习和实验研究过程中给予的无私帮助。在本书的整理过程中得到了东北大学冶金学院邹宗树教授的耐心指导和大力支持，再次表示感谢！

　　限于作者水平，书中不妥之处，敬请广大读者批评指正。

作　者
2024 年 4 月

目　　录

1 绪 论

1.1 转炉炼钢发展历程

1856 年，亨利·贝塞麦发明了酸性空气底吹转炉炼钢法，也称为贝塞麦法，第一次解决了用铁水直接冶炼钢水的难题，但是此法要求铁水的硅含量大于 0.8%，而且不能脱硫，目前该法已经被淘汰。1865 年，马丁利用蓄热室原理发明了以铁水、废钢为原料的酸性平炉炼钢法，即马丁炉法。1880 年，出现了第一座碱性平炉，由于其成本低、炉容大、钢水质量优于转炉、原料适应性强，平炉炼钢法一时间成为世界上主要的炼钢法。1878 年，英国人托马斯发明了碱性炉衬的底吹转炉炼钢法，即托马斯法。该法在吹炼过程中加石灰造碱性渣，解决了高磷铁水的问题，缺点是炉子寿命低、钢水氮含量高。1899 年，出现了完全依靠废钢为原料的电弧炉炼钢法，解决了充分利用废钢炼钢的问题，此法自问世以来不断得到发展，是主要炼钢法之一，由电弧炉冶炼的钢占世界钢总产量的 30%~40%[1-2]。

20 世纪 40 年代初，随着大型空气分离机的问世，大量的廉价氧气可以提供给炼钢工艺，促使了顶吹氧气转炉的产生。顶吹氧气转炉反应速度快，热效率高，含氮量低，还能使用约 30% 的废钢。由于顶吹氧气转炉的生产率高，成本低，钢水质量高，投资少，便于自动化控制，所以它成为冶金史上发展最快的新技术，并且逐步取代了平炉炼钢法。

1.1.1 转炉炼钢技术简介

1.1.1.1 顶吹氧气转炉炼钢

顶吹氧气转炉冶炼的钢种具有与平炉冶炼钢种相同的或更高的质量，顶吹氧气转炉炼钢具有如下特点[3]：

(1) 钢中气体含量少。

(2) 由于炼钢主要原材料为铁水，废钢用量所占比例不大，因此 Ni、Cr、Mo、Cu、Sn 等残余元素含量低。

(3) 原材料消耗少，热效率高，成本低。顶吹氧气转炉金属料消耗一般为 1100~1140 kg/t，稍高于平炉；耐火材料消耗仅为平炉的 15%~30%。氧气转炉炼钢利用炉料本身的化学热和物理热，热效率高，不需要外加热源。顶吹氧气转炉的高效率和低消耗使吨钢的成本较低。

（4）原料适应性强。顶吹氧气转炉不仅能吹炼平炉生铁，而且能吹炼中磷和高磷生铁，还可以吹炼含钒、钛等特殊成分的生铁。

（5）基建投资少，建设速度快。顶吹氧气转炉设备简单，重量轻，厂房面积和重型设备的数量较平炉少，所以基建投资比相同产量的平炉车间低 30% ～ 40%。生产规模越大，基建投资越省。顶吹氧气转炉车间建设速度也比平炉快得多。

（6）顶吹氧气转炉炼钢生产比较均衡，有利于和连铸配合，实现生产过程自动化。

1.1.1.2　底吹氧气转炉炼钢

底吹氧气转炉中氧气是从分散在炉底上的多支氧气喷嘴自下而上吹入金属熔池。因为供氧方式和顶吹不同，冶金特性有明显不同[2]：

（1）由于作为氧枪冷却介质的碳氢化合物产生的气体减小了气相中 $CO+CO_2$ 的分压，底吹转炉钢中碳氧浓度积比顶吹转炉低。

（2）由于底吹转炉熔池搅拌比顶吹强烈，气相中 $CO+CO_2$ 的分压低，有利于碳的氧化，因此吹炼低碳和超低碳钢较容易。

（3）喷粉底吹转炉的气化脱硫效果明显高于顶吹转炉。

（4）在吹炼低磷生铁时，底吹转炉终点钢渣氧化性比顶吹低，钢中余锰较顶吹高。

（5）底吹转炉几乎避免了从炉内吸入空气，终点时钢中含氮量比顶吹略低，含氢量比顶吹高。

与顶吹转炉相比，底吹转炉吹炼平稳、喷溅少、熔池搅拌强烈，有利于低碳钢冶炼；炉渣中（FeO）低，铁的蒸发损失减少，金属收得率低；废钢用量减少；由于终点钢中含氢量偏高，需增加钢液排氢操作。

1.1.1.3　侧吹氧气转炉炼钢

氧气侧吹是将底吹氧枪用于侧吹转炉实现的。通过摇炉控制吹炼角度，以调整氧流与金属液面的相对位置来控制冶炼进程。根据氧枪出口与金属液面的相对位置，侧吹分为深吹、浅吹、面吹和吊吹四种操作。深吹具有类似底吹转炉的冶炼效果，面吹结合浅吹具有类似顶吹的冶炼效果。操作时以深吹为主，适时退炉面吹化渣，避免吊吹和负角度吹炼。

侧吹转炉吹炼过程平稳，渣氧化性低，喷溅和烟尘减少，金属收得率高。钢中含氢量低于底吹而高于顶吹，出钢前需采用脱氢措施。由于摇炉频繁，使炉口烟气捕集困难。此外它的装入量波动大，转炉大型化困难，因此在生产中极少采用[2]。

1.1.1.4　氧气顶底复吹转炉炼钢

氧气顶底复吹转炉炼钢是 20 世纪 70 年代后期国外开始研究的炼钢新工艺。它的出现是考察了顶吹转炉和底吹转炉特点之后的必然结果。复合吹炼法就是利用底吹气流克服顶吹氧流对熔池搅拌能力不足的弱点，使炉内反应接近平衡，铁损失减少，同时又保留了顶吹法容易控制造渣过程的优点，因而具有比顶吹和底吹更好的技术经济指标，成为近年来氧气转炉炼钢的发展方向。

复吹转炉按照底气种类，可以归纳为 N_2/Ar 型、CO_2 型、$O_2 + CO_2$ 型、O_2/C_xH_y 型等。日本名古屋厂以 CO_2 做载气底喷石灰石粉，通过改变 $CaCO_3$ 浓度来控制 CO_2 发生量，底气强度达到 $0.015 \sim 0.12$ m³/$(min \cdot t)$，由于 $CaCO_3$ 分解产生了微小 CO_2 气泡，能够起到搅拌熔池的作用。有时，复吹转炉也会采用底吹氧气喷吹粉剂的复吹法，它是在底吹氧气时喷吹石灰粉等，达到快速脱磷脱硫的目的[1-2]。

1.1.2　炼钢新技术和新工艺

20 世纪 90 年代至今，随着顶底复吹技术的成熟，以及新技术和新工艺的应用，转炉炼钢日趋完善，主要发展集中在以下几个方面[3]。

（1）铁水预处理。铁水预处理是指转炉脱碳之前进行的各种提纯处理。可分为普通铁水预处理（如脱硫、脱硅、脱磷）和特殊铁水预处理（如提钒、提铌、脱铬）。铁水预处理技术有以下优点：转炉渣量大幅降低 $15 \sim 25$ kg/t，实现少渣冶炼，降低成本，提高钢的质量和洁净度，有利于扩大品种；脱碳速度加快，终点控制容易，氧枪利用率提高，锰回收率提高，有利于提高生产效率；稳定转炉冶炼，煤气回收控制容易，实现负能炼钢。

（2）溅渣护炉与转炉长寿。溅渣护炉技术是利用高 MgO 含量的炉渣，通过高压氮气将炉渣喷吹到转炉炉衬上，使炉渣凝固到炉衬上，来达到减缓炉衬砖的侵蚀速度、提高转炉炉龄的目的。我国从 1996 年开始，在 $15 \sim 300$ t 不同容量的转炉上开展应用溅渣护炉技术，使溅渣护炉转炉的平均炉龄和最高炉龄均大幅提高。

（3）转炉吹炼自动控制。随着新型测量设备的使用，如红外测温仪、副枪和炉气分析仪等，转炉在线检测得以实现。近年来，在炼钢过程中应用计算机控制，已经成为钢铁工业发展的重要方向，并且也是衡量炼钢水平高低的重要标志。采用计算机控制，能够大幅提高大型设备生产效率，加强企业规范化管理，减轻工人劳动强度，改善转炉炼钢操作，优化工艺流程，减少补吹次数，提高出钢质量，降低生产成本，提高终点命中率。同时，计算机技术，如人工智能、专家系统以及互联网等在转炉炼钢中得到广泛使用，使转炉在提高过程稳定性、开发具有反馈功能的并联控制系统、提高对碳和温度的控制、精确测量氧枪吹炼、探测喷溅的发生及数据传送等方面都得到了很大改善，使转炉冶炼更趋自动化。

（4）炉气回收与负能炼钢。采用煤气回收装置回收转炉烟气的化学潜热，采用余热锅炉回收烟气的物理热。当炉气回收的总热量大于炼钢厂生产消耗的总能量时，则实现了炼钢厂"负能炼钢"。负能炼钢在节能降耗和环保方面具有重要意义，日本君津钢厂及我国宝钢、武钢三炼钢厂均实现了负能炼钢。

前人对石灰石煅烧和活性石灰造渣进行了详尽的研究，确定了影响石灰石煅烧的因素和活性石灰化渣机理。前人对石灰石代替石灰造渣炼钢工艺也进行了研究，认为石灰石代替石灰后，转炉热量能够满足要求，同时可以取得较好冶炼效果，并提高经济效益。转炉炼钢中渣-金界面面积和化渣速度直接影响磷元素的脱除速度。前人在转炉中进行过喷粉尝试，并得到了良好效果。对于转炉炼钢，喷粉可以扩大渣-金界面面积并且加速石灰的熔化，因此，考虑在转炉中以顶吹气体或者底吹气体作为载气向熔池中喷入粉粒状石灰石，充分利用石灰石颗粒与熔池铁水接触形成的巨大渣-金界面，从而增强转炉的脱磷能力。

1.2　石灰石煅烧的研究

石灰石的主要成分是 $CaCO_3$，其煅烧过程经历 3 个阶段：首先生成碳酸钙假晶的亚稳氧化钙；其次，亚稳氧化钙再结晶生成稳定的氧化钙晶体，内比表面积达到最大；最后，再结晶氧化钙在高温条件下发生烧结，内比表面积迅速减小[4-7]。石灰石在冶金、水泥、化工等工业生产中占有相当重要的地位，因而对于 $CaCO_3$ 分解动力学的研究也就一直是人们关注的热点。从热重分析实验[8-10]、机理函数和动力学参数的确定[11-12]入手，发展到 $CaCO_3$ 颗粒分解的数值模拟[13-14]；研究对象从厘米级的大颗粒发展到纳米级的超细颗粒[15]。但是，由于影响 $CaCO_3$ 分解的动力学因素较多，如物料种类、颗粒粒度、反应气氛、试验仪器和试验方法、研究方法的差异等，致使得到的 $CaCO_3$ 分解机理很不一致，由此而得的动力学参数也存在较大的差异，从而导致影响 $CaCO_3$ 分解的主要因素也不尽相同。

1.2.1　石灰石的分解过程

关于 $CaCO_3$ 的分解过程，Vosteen 等[16]认为 $CaCO_3$ 颗粒的内部分解反应分为 5 个分步骤：通过颗粒边界层，由周围介质传进分解所需热量；热量继续以传导方式在颗粒分界层（由表面传至分解界面）向内传导；颗粒内层的分解反应；分解出的 CO_2 通过 CaO 层向外扩散；颗粒表面的 CO_2 向气流的扩散。这 5 个分步骤实质上是由颗粒的传热、化学反应和 CO_2 的扩散 3 个部分组成。

1.2.2 石灰石的分解动力学模型

关于石灰石分解的动力学模型，文献中主要有收缩核模型[8]、结构孔隙模型[17]、均匀反应模型[18]、修正的收缩核模型[19]和微粒模型[20]等。这些模型从不同角度阐释了石灰石分解的动力学特征。一般来说，微粒模型和结构孔隙模型被用来描述颗粒内部过程（如燃料脱硫），均匀反应模型只是在颗粒微细的情况下才能获得满意的结果。收缩核模型是描述致密固相颗粒反应的常用模型，由于石灰石颗粒结构致密，对于粉磨缺陷不多的颗粒，在没有烧结的情况下[21]，收缩核模型能较好地描述其分解过程。

1.2.3 石灰石分解反应的控速机理

Ingraham 等[22]、Mckewan[23]、Satterfield 等[24]经过研究认为反应速率主要受化学反应控制。Narsimhan[25]、Koloberdin 等[26]认为化学反应速率受反应界面的传热所控制。Khinast 等[27]在研究石灰石的分解时认为，石灰石颗粒内的化学反应和传质均是反应速率的控制因素，化学反应和传质的相对重要性依据颗粒的结构、起始粒径和 CO_2 分压而定。

李明春等[28]采用氮吸附、扫描电镜和热重分析法研究了石灰石煅烧分解过程中孔结构演变规律及反应特性，构建了双峰孔径分布概率密度函数与有效扩散系数计算模型，并与实验测量结果进行对比验证。结果表明，石灰石不同分解阶段煅烧产物的孔结构皆为双峰分布，主峰 3 nm 附近小尺度中孔数随反应深化逐渐增多，在固体转化率达约 60%时呈阶跃式增长；在 1073 K，煅烧固体转化率由 50.41%增大到 68.27%时，有效扩散系数由 0.0162 cm^2/s 降至 0.0093 cm^2/s，导致分解反应机理随之变化；在 1073 K 和 1223 K 煅烧温度下，反应机理转为传质控制，相应的临界固体转化率分别为 60%和 75%。

李辉等[29]用热重分析仪，在升温速率 5~20 K/min 范围内，研究 CO_2 浓度对石灰石热分解反应动力学参数的影响及高 CO_2 浓度气氛下两种化学成分与矿物组成不同的石灰石的热分解反应动力学。采用改进的双外推法计算这两种石灰石的热分解反应动力学参数。结果表明，石灰石热分解反应的活化能与气氛中的 CO_2 浓度呈指数增加关系；在高 CO_2 浓度气氛条件下石灰石的热分解过程机理模型为随机成核和随后生长模型，得到了反应机理函数；CO_2 浓度不同，反应级数不同，反应级数的变化范围为 2/5~2/3；CO_2 浓度越高，石灰石热分解的活化能越高，反应级数越大；在相同 CO_2 浓度气氛条件下，石灰石中含有一定量白云石有助于其分解反应的进行。

谢建云等[30]在对大颗粒石灰石煅烧过程中的测量等效扩散系数公式进行推导的基础上，通过测定其失重曲线和煅烧完成时间，获得了煅烧后产物层内的等效扩散系数。对多种石灰石进行了试验，发现在不烧结的情况下，各种石灰石在煅烧过程中其扩散系数间的差别很小。天然石灰石在无烧结情况下煅烧后的平均等效扩散系数值为 0.17 cm^2/s。

陈江涛等[31]为了得到动力学参数随温度的变化关系，对不同温度范围的煅烧特性进行了研究。结果表明，温度对煅烧分解特性有较大的影响，反应性指数随温度呈抛物线增长；石灰石在 N_2 环境气氛的煅烧反应适宜用相边界反应（圆柱形对称）机理来描述，所求取的表观活化能和指前因子随温度呈不规则的变化规律，但活化能和指前因子的变化规律相似，存在补偿效应。动力学参数随温度变化而变化，并非定值。通过验证得到动力学参数是温度区间的平均值，温度区间不同动力学参数不同，因此动力学参数计算要明确温度区间。根据补偿系数推导出石灰石的等动力学温度约为 868 ℃。

苏雷等[32]对 9 个不同石灰石产地的石灰石进行了差热分析，分别求得了试样的失重百分率、失重范围、反应级数、活化能和频率因子等，结果表明，这 9 个产地石灰石分解失重率在 42%~46%，失重起始和结束的温度区间在 600~850 ℃，反应级数在 0.1~0.6，频率因子在 9.23~16.37，活化能在 161.48~294.03 kJ/mol。

余兆南[33]和范浩杰等[34]对不同粒径的石灰石进行热重研究，认为石灰石热分解是受 3 种机理控制，即传热、CO_2 扩散和化学反应；较细石灰石颗粒的热分解主要受化学反应控制，并且在化学反应控速机理中，单步随机成核机理较适合石灰石的热分解。

郑瑛等[35]通过研究认为，对较大石灰石颗粒或在温度较高时，传热传质是主要的速率控制机理，这时存在明显的 $CaCO_3$-CaO 界面，可用收缩核模型来描述；对于较小的颗粒或较低的煅烧温度，化学反应是主要的控制机理，可用均匀转化的模型来描述。

从以上研究可知，对于大颗粒石灰石而言，产物层的物质扩散和热传递是控制反应速率的主要因素，但是随着石灰石颗粒尺寸的减小，其影响因素将减弱，而化学反应的因素就变得越来越重要。但是对于厘米级的石灰石颗粒在 1300 ℃以上转炉渣及铁水中的分解研究依旧缺乏，因此需要详细研究石灰石在转炉渣和铁水中的分解行为，为石灰石代替石灰造渣炼钢提供理论支撑。

1.2.4 石灰窑中石灰石的煅烧

张雪霞[36]认为石灰石反应时间与反应速度和粒度有关，反应速度越高，分解速度越快，反应时间越短；粒度小则反应时间短。入炉石灰石粒度要求尽量一致，使石灰石能尽量同时完成分解反应。竖炉入炉粒度，即大小比，一般为 (2~2.5):1，最大不超过 3。在 1100 ℃下石灰石分解速度是 14~15 mm/h。

崔之宝[37]研究了石灰石原料特性对冶金石灰煅烧的影响，认为石灰石的强度、粒径、晶体粒度和杂质都会对石灰石煅烧产生影响，合适的石灰石强度和粒径比有利于石灰石的煅烧，随着石灰石晶体粒度的增大，所烧成石灰的晶体粒度变小，石灰石中含有的杂质影响石灰的煅烧。

韩金玉等[38]根据石灰石煅烧机理及其分解化学反应式，总结出石灰活性度理论计算公式和经验计算公式。通过运用两个公式，分析试验报告、矿山石灰石原料、回转窑生产等技术资料，合理选用石灰石原料，制定了科学合理的回转窑工艺技术参数，从而煅烧出高活性度冶金石灰。

冯小平等[39]以活性石灰为研究对象，采用 SEM 分析的方法，研究了石灰的煅烧工艺、微观结构与活性度之间的关系，讨论了生产活性石灰的机理及影响石灰活性的因素。结果表明，石灰石中 $CaCO_3$ 晶体的发育程度以及杂质的含量、煅烧工艺等对石灰的活性有较大的影响。温度过高或保温时间过长，会使氧化钙晶体发育完好，使石灰的活性降低。最佳的煅烧工艺制度为 1150 ℃ 保温 30 min。

周乃君等[40]基于石灰窑内热量衡算和物料衡算，并在结合现场数据基础上，推导出了石灰石煅烧分解率的在线监测模型，将其应用于某企业的生产实际，发现该模型计算结果和现场数据吻合良好。

乐可襄等[41]在实验室条件下，对武钢乌龙泉矿石灰石的晶粒度和矿相组织进行了测试。结果表明，煅烧温度和保温时间（煅烧时间）对煅烧出的石灰活性度有很大影响。在该实验的条件下，煅烧温度为 1100 ℃、1150 ℃ 和 1200 ℃ 时，只要适当掌握恒温时间，石灰活性度都可以取得最大。

郭汉杰等[42]研究了预热温度 T_p、预热时间、煅烧温度 T_c 及煅烧时间等对石灰活性度的影响，认为预热温度为 900 ℃、煅烧温度为 1200 ℃ 时，可以烧制最好的活性石灰。石灰的活性度的最优值为 410 mL，对应的预热温度为 700 ℃，预热时间为 45 min，煅烧温度为 1150 ℃ 时，煅烧时间为 15 min。

唐亚新[43]结合生产条件和实验条件，分析了石灰煅烧设备、燃料特性、煅烧条件以及石灰的贮存运输等因素对石灰活性的影响，最后认为加热均匀，温度宜控制在 1100~1200 ℃，不易产生过烧或生烧；回转窑采用小粒级石灰石，在窑内停留时间短，满足了快速加热条件，所得为细粒晶体结构活性石灰。

曹彦卓等[44]认为石灰石粒度直接影响到石灰石煅烧的分解时间，粒度越大，分解时间越长。分解时间主要是受煅烧过程中分解区移动的时间影响。在 1100 ℃ 下石灰石分解速度是 14~15 mm/h，一定要保持在 1200 ℃ 左右才能保证分解速度，保证粒度在 40~80 mm 的石灰石在一个比较高的比例（最好均小于 5%）内，才能够保证石灰的烧成质量。

1.3   石灰造渣炼钢的研究

石灰是转炉炼钢过程中最主要的造渣剂之一。石灰的快速化渣可以起到快速脱磷的目的，对转炉冶炼流程的稳定运行具有重要意义。因此国内外对于石灰造渣炼钢进行了大量的研究。

田玮[45]认为活性氧化钙的活性度与比表面积、体积密度、孔隙率、孔容积有着密切的关系。在一定的范围内随着比表面积、孔容积、孔隙率、平均孔径、平均粒径的增大，活性度先呈上升趋势，活性度达到极值后趋于缓慢下降，随体积密度的增加活性度降低。在实验研究范围内，当石灰孔隙率在38%～50%，孔容积在 0.35～0.51 mL/g，平均粒径在 2.65～3.25 μm，比表面积在 1.75～3.25 m²/g，平均孔径在 900～1100 nm，体积密度越小时实验试样脱磷率越高。炼钢脱磷率随石灰活性度的增加而增加，石灰造渣脱磷过程与石灰水消化反应过程类似。

李远洲等[46]对上钢五厂的 15 t 顶底复吹转炉的合理造渣工艺进行了探讨，采用了正交法对可能影响造渣过程的 7 个工艺因素，包括氧压、枪位、压枪时间、底气曲线、炉渣碱度、萤石用量和白云石用量等进行了详细的研究，同时测定了实验室条件下脱磷平衡和渣中 MgO 饱和液浓度。

李远洲等[47]采用旋转圆柱法研究了在 1400～1600 ℃ 的实验室条件下石灰的溶解过程，讨论了温度、石灰运动速度、炉渣碱度、FeO/SiO_2 等对石灰渣化速度的影响，提出了供参考使用的方程式。认为石灰溶解过程是扩散机理控制，$w(CaO)/w(SiO_2) < 1.87$ 时，Ca 自 $2CaO \cdot SiO_2$ 表面向熔渣内扩散；$w(CaO)/w(SiO_2) > 1.9$ 时，Ca 由铁酸钙的有效反应面向熔渣内扩散。实验条件下石灰在渣中的传质系数为 $3.21 \times 10^{-6} \sim 22 \times 10^{-6}$ m/s。

李远洲等[48]研究了 CaO 在渣中的溶解速度和传质速度，认为溶解速度和传质速度随转速和（FeO）含量的增大而增大；在 1400 ℃ 下，增大旋转速度对提高石灰溶解速度和传质系数的作用大于增大氧化亚铁和二氧化硅的质量比。在该实验条件下，石灰的溶解速度受 Ca 在熔渣中的扩散速度控制。

孟金霞等[49]使用旋转圆柱法研究了石灰煅烧温度、炉渣成分和温度对活性石灰在转炉炼钢初渣中溶解速度的影响。认为活性石灰在炼钢初渣中的溶解过程包括变质解体和扩散溶解，其中变质解体速率远大于扩散溶解速度。由于熔渣渗入活性石灰内部发生反应，形成硅酸二钙和低熔点化合物铁酸钙使石灰变质，在熔池搅拌的作用下，活性石灰解体成细小颗粒分散进入熔渣，进而与渣中 FeO、SiO_2 发生反应形成钙铁橄榄石低熔点化合物而被进一步熔化。活性石灰的解体也使其扩散溶解速度大大加快。研究结果表明，1000 ℃ 煅烧的活性石灰熔解速度最大；增加渣中 FeO 含量、较少的 MgO 含量、较低的炉渣碱度、提高炉渣温度，均有利于活性石灰的熔解。活性石灰在转炉初渣中的熔解过程包括变质解体和扩散溶解，变质解体起主要作用。

李仁志等[50]在鞍山钢铁公司第三炼钢厂 180 t 氧气转炉上，进行了应用普通石灰和活性石灰的对比试验，认为活性石灰晶粒细小、活性度高，采用活性石灰造渣时，初渣形成快，碱度高达 1.6 以上，有利于前期去磷，并且由于活性石灰硫含量低，其脱硫率远高于普通石灰，在吹炼初期便出现了少量 2CaO·SiO$_2$，有利于提高炉龄；应用活性石灰，各项主要技术经济指标得到了明显改善，石灰耗量降低 26.6 kg/t，钢铁料消耗减少 7.5 kg/t，废钢比提高 3%～4%，终点碳温协调率提高 13.32%，为实现转炉炼钢自动化控制提供了条件。

刘世洲等[51]认为为满足冶炼操作要求，必须加速采用活性石灰，活性石灰可以快速化渣，同时为转炉自动化操作提高创造有利条件。采用活性石灰造渣，熔渣具有良好的脱磷和脱硫的性能，减少了石灰的消耗，提高了废钢比。

刘青川[52]研究了活性石灰在转炉中使用后的影响。结果表明，在炼钢过程中采用活性石灰效果远优于土灰。采用活性石灰炼钢可以提高化渣速度，缩短冶炼时间，提高热效率，提高钢水收得率，降低钢铁料消耗，提高脱磷、脱硫效果，及减少对炉衬的侵蚀，提高炉体寿命。

王雨等[53]采用旋转圆柱法研究了石灰在 Fe$_t$O·SiO$_2$·CaO·P$_2$O$_5$-5%MnO-5%MgO（质量分数）渣系的溶解动力学。结果表明，在 1573～1653 K 温度范围内，石灰在熔渣中的扩散传质是石灰溶解的限制环节，石灰溶解活化能为 16032 kJ/mol，1623 K 时石灰在渣中的传质系数为 3.03×10^{-4}～8.97×10^{-4} cm/s。炉渣中磷含量的增加会显著降低石灰的溶解速度；随炉渣碱度的增加，石灰的溶解速度呈现先增加后降低的趋势。

Elliott 等[54]研究了石灰在合成的粉煤灰中的溶解行为，发现在 1450～1650 ℃时，石灰表面存在 3CaO·SiO$_2$/3CaO·Al$_2$O$_3$ 和 2CaO·SiO$_2$/3CaO·Al$_2$O$_3$，认为浓度差参与了质量传递过程，并最终确定了该条件下的扩散系数。

Deng 等[55]采用旋转圆柱试样法研究了石灰在液态渣中的溶解行为。其 CFD 模型计算结果和冷态模型模拟结果都表明沿径向的强制对流引起的质量传输为零。作者认为与自然对流相比，强制对流的作用对石灰溶解的影响要小得多，并通过金相显微镜观察了反应后的界面情况，发现有一层致密 2CaO·SiO$_2$ 反应层存在。

Deng 等[56]在实验室条件下研究了石灰在强制对流条件下的溶解。结果表明，反应层厚度与时间呈线性关系，证明消除包含有 2CaO·SiO$_2$ 层的主要机理是剪应力，确定了 100 r/min 条件下石灰的溶解速度，并认为不同石灰的溶解速度不同。

针对转炉采用石灰进行脱磷，前人也进行了大量的研究，确定了转炉脱磷的机理和提高转炉脱磷的方法[57-66]，脱磷反应是在金属液与熔渣界面进行的，首先是［P］被氧化成（P_2O_5），然后与（CaO）结合成稳定的 $CaPO_3$。脱磷的条件为：高碱度、高（FeO）含量（氧化性）及流动性良好的熔渣，充分的熔池搅动，适当的温度和大渣量。

1.4　用石灰石代替石灰造渣炼钢的研究

最早开发出转炉时，石灰石是作为造渣剂加入转炉中的。但是随着石灰石煅烧技术的发展，石灰完全替代石灰石成为转炉的主要造渣剂，而且活性石灰具有更好的脱磷效率。因此在以后相当长时间内，在转炉中不再使用石灰石作为造渣剂。

在 20 世纪 90 年代左右，谯明成等[67-70] 开发出了电弧炉全程石灰石快速炼钢工艺，认为该工艺核心是垫炉底石灰石在炉底熔化过程中逐渐分解放出二氧化碳气体及生成活性石灰共同参与钢液的冶金物理化学反应，指出该工艺特别适用于普通碳素钢的冶炼。在保证钢质的前提下，它在降低消耗、节省电能、提高炉龄、降低成本、减轻劳动强度、减少环境污染及便于管理等各个方面都有明显效果。

梁永安等[71] 在电炉中采用石灰石替代石灰炼钢的方法，加料时先在炉底上铺垫 1.0% ~ 1.5% 的石灰石和 0.5% ~ 1.0% 的铁矿石，结果表明，使用该方法后，可以促使熔池早期成渣，提早前期脱碳去磷去硫，排除气体夹杂，取得预精炼效果，为简化冶炼工艺奠定基础。

谷庆臣等[72] 在电弧炉中采用优质的石灰取代不规范的白灰，实现了传统工艺的变革。采用该工艺不仅能降低钢水成本，而且提高了钢水质量，取得了良好的效果。

近年来，考虑到国内钢铁行业面临节能减排的严峻形势和节约成本的巨大压力，国内出现了在转炉中采用石灰石部分代替石灰造渣炼钢的方法[73-85]。很多企业也出于节能降耗和增加效益的目的进行了很多的尝试[86-102]。

郝伟新[86] 分析了石灰石加入转炉后热分解反应过程中的能量消耗和特性以及分解过程中的渣化反应，认为石灰石应用于转炉炼钢具有明显的优越性，既可以替代石灰减少对石灰的消耗，又可以平衡转炉富裕热量，减少其他降温料的使用量，节约了炼钢生产成本，创造了更大利润空间。

王鹏飞等[87] 在包钢进行了石灰石代替石灰造渣炼钢的试验，考察了石灰石的两种加入方式。一种是在溅渣结束后，兑铁前预加部分石灰石；另外一种是在开吹后加入石灰石。两种方式造成的区别在于，石灰石在兑铁前预加入可以更早得到预热，石灰石在吹炼前期可以化渣，并消除了石灰石因大量吸热而不能快速化渣的顾虑。结果表明，两种加入方案都能保证转炉冶炼顺利进行，终点成分能达到出钢要求，炉内化渣良好，石灰石在炉内快速完成了煅烧和化渣过程。石灰石在转炉内煅烧时，石灰石内外层的温差比在炉外煅烧时温差大，因此石灰石可以快速煅烧。同时石灰石加入转炉中后直接与炉渣接触，在其表面逸出 CO_2 时，发生石灰的化渣反应，因此参与反应的石灰具有高气孔率、高活性。石灰石煅烧反应层的移动方向与化渣反应层的移动方向一致，因此在保证转炉熔池温度的条件下，石灰石化渣的速度应不低于石灰的化渣速度。从动力学角度分析，石灰石在转炉内的煅烧造渣过程，实际上是煅烧化渣同时进行的过程。

石磊等[88]在武钢一炼钢厂进行了石灰石代替石灰应用于 120 t 转炉的工业试验。石灰石在开吹点火后加入 1.0~1.5 t，同时加入轻烧白云石和部分石灰以及适量的化渣剂，然后根据铁水成分及炉内反应情况加入剩余石灰石，每批次加入 200~700 kg，吹炼结束前 500 s 全部加入完毕。使用石灰石炉次与常规造渣工艺相比，在 250~350 s 均有不同程度涌渣现象，分析原因主要是由于石灰石加入后使熔池处于一个较低温度区域，并且在加入石灰石后石灰石分解速率达到最大，有大量气体生成所致。因此，在加入石灰石后，采取变氧或提高枪位的操作可有效减少涌渣，便于有效控制前期低温涌渣现象。采用石灰石基本可以替代常规工艺中部分石灰所起的降温的作用，同时在碱度为 3.0 左右时，去磷的效果可以得到有效保证；同时能有效降低石灰消耗 6.69 kg/t，铁皮用量减少 1.03 kg/t，使炼钢生产成本降低 3.3 元/t，能够达到降低生产成本的预期目的，具有良好的推广应用价值。

张杰新等[89]分析了石灰石在转炉炼钢上运用的可行性，并在重庆钢铁股份公司二炼钢厂进行了石灰石造渣炼钢的工业试验。结果表明，石灰石可以部分代替石灰石。石灰石最好在吹炼前期加入完毕，若加入量较大，也可通过加底灰的方式在吹炼前加入，避免在吹炼过程中加入过快，造成炉渣结团，不利于石灰石的熔化。虽然石灰石煅烧后得到的石灰具有较好的活性，但因为煅烧分解需要一定的时间，不能达到使用石灰在前期快速化渣的效果。最后对吹炼 4 min 的炉内获得铁水试样及渣样进行检测，脱磷率在 10%~15%，渣中 FeO 均在 10% 以内。要维持 FeO 含量，需要前期加入一定量的 FeO 的助熔剂，稳定过程脱磷。虽然分解的 CO_2 可以提高渣中的氧化性，但由于铁水消耗高，渣中的 FeO 含量低，且不易稳定保持。因此，枪位控制不好，就会出现过程严重返干现象，且由于石灰石分解出的 CO_2 的干扰，从炉口火焰不易观察到返干现象，枪位要比没有使用石灰石的炉次提高 20~30 cm。

冯佳等[90]根据热力学基础理论，研究了 CO_2-CO 气体与 Fe-C-Si-Mn 体系之间反应以及铁水中 [C] 对 $CaCO_3$ 分解温度的影响，认为在气氛组成变化很宽的范围内，CO_2 与 [C]、[Si]、[Mn]、Fe(1) 反应的 ΔG 小于零，石灰石分解产生的部分 CO_2 可以代替 O_2 参与熔池的氧化。CO_2 浓度高，CO 浓度低时，CO_2 优先氧化 [C]；CO_2 浓度低、CO 浓度高时，CO_2 优先氧化 [Si]。最后得到了石灰石分解温度与 w[C] 的关系，并认为 $CaCO_3$ 分解反应和 CO_2 对熔池的氧化反应互相促进，有利于石灰石的分解和铁水中杂质元素的氧化去除。

秦登平等[91]在首秦二炼钢厂 100 t 顶吹氧气转炉中进行了石灰石造渣试验，认为石灰石在转炉内造渣需要经历一个预热、加热到分解，进而生成石灰的过程，进一步参与脱磷、脱硫反应；石灰石分解和化渣时间约为 4 min；石灰石分解的 CO_2 可与铁水中的 [C]、[Si]、[Mn]、[Fe] 的氧化反应相互促进，有利于石灰石的分解和转炉铁水中杂质元素的氧化去除；通过热平衡计算，采用石灰石造渣，石灰石消耗控制在 6.0 t/炉时，需要增加铁水消耗 2.1 t，减少废钢消耗 2.5 t，即可保证转炉终点温度的稳定；石灰石冶炼与普通石灰造渣工艺炉渣碱度均为 3.3，终点 C、P 的质量分数、温度等均相差不大；采用石灰石造渣炼钢可降低生产吨钢成本 10.4 元，并减少了 CO_2 的排放，具有明显的经济效益和社会效益。

陈利等[92]立足于柳钢转炉炼钢厂高铁水比的条件，采用了石灰石替代部分石灰的方法，认为该方法既可以降低石灰造渣的生产成本，又可以平衡转炉富裕的热量，减少由于烧结矿加入过多造成的喷溅。采用石灰石替代部分石灰后，吹炼前期的化渣速率得到提高，吹炼前期的脱 P 效率提高约 10%，降低了转炉终点的 P 含量，对其他参数无明显影响；降低了转炉氧气的消耗，提高了煤气回收量，吨钢生产成本降低 2.85 元。

董大西等[93]在石钢 60 t 转炉中进行了石灰石代替石灰进行造渣的试验，建立了物料平衡和热平衡，得出了终点温度与各种原料添加量之间的关系。认为石灰石作为造渣剂可以为熔池氧化反应提供部分氧源，并回归得出了吹氧时间、石灰石加入量、铁水量之间的关系，计算得到了全石灰石造渣炼钢条件下分解出的 CO_2 参与铁水元素反应的比率为 37.0%。

刘德宏等[94]对石灰石代替石灰造渣炼钢的工艺进行了优化，采取了如下措施：为杜绝石灰石大量加入后影响除尘效果，在碳温允许的情况下，倒入铁水前以底灰的方式加入 3~4 t；冶炼过程中需要补加石灰石，则根据一批料、二批料搭配加入，力争在 6~8 min 中期碳氧反应剧烈期前加完石灰石；由于石灰石加入后能够促进化渣，故在高铁水消耗下，用石灰石降温前期可参照常规枪位进行控制，但中后期必须根据炉口火焰情况，及时进枪防止枪位偏高发生泡沫渣喷溅。同时若吹炼过程返干或前期化渣不良，及时上调枪位，防止氧枪粘钢。结果表明：在碳温富裕的情况下，用石灰石替代部分石灰能够保证正常的冶炼脱磷，并且比常规石灰脱磷率提高 2.26%，吨钢节省成本 1.94 元，同时能够减少石灰石在烧制过程中对环境的污染。

解英明[95]认为宝钢集团新疆八一钢铁有限公司周边地区石灰石储量丰富且运输距离短，然而八钢石灰生产能力略显不足，尤其是近年来八钢面临废钢采购的困难，废钢供应质量每况愈下，导致转炉内热量富余。转炉采取的措施是采用铁矿石降温，增加了成本；有的甚至加入渣料降温，对转炉炉渣控制产生较大影响。高温钢炉次增多，影响炉衬寿命，对转炉炉龄带来负面影响，冶炼低碳钢时尤为明显。根据以上特点借鉴国内其他厂家的做法，开发出了转炉石灰石终点调温技术，大幅减少了铁矿石的使用，降低了成本。结果表明，接近转炉吹炼终点时加入石灰石与铁矿石的降温效果基本一样，随着钢液温度的升高，石灰石的降温效果有所提高，渣中氧化铁的含量有所下降，有利于减少钢中的氧含量；石灰石的降温体现在物理吸热降温和石灰石分解吸热两方面；能够保证脱磷效果与铁矿石脱磷效果相当；石灰石试用期间，转炉的喷溅次数并未明显增加，炉渣泡沫化程度降低，节省了压渣剂的使用。

朱志鹏等[96]认为石灰石加入炉内分解生产的 CO_2 气体可以和铁水中的 C、Si、Mn 和 Fe 发生自发反应产生 CO 气体，并讨论了不同石灰石加入量和加入方式对转炉煤气的影响。结果表明，石灰石在废钢前加入对转炉煤气中 CO 浓度的影响不明显；石灰石在吹炼过程中加入可以有效提高转炉煤气中 CO 浓度；石灰石对转炉煤气回收有积极作用。

年武等[97]在实践中发现，与现行石灰造渣炼钢模式相比，在铁水中硅含量大致相等的条件下，以石灰和石灰石质量比为 1:1.7 加入石灰石，终渣中 SiO_2 浓度有所降低，炉渣碱度升高。例如，按照碱度 3.2 配比的终渣碱度最高可升到 5 左右，即如果把石灰石的加入量减少 20%~30%，终渣碱度也可以维持在石灰造渣炼钢模式的水平，取得同样的脱磷效果。因此认为采用石灰石造渣炼钢时，铁水中的一部分 [Si] 没有进入炉渣，根据现在掌握的知识范畴认为，这部分 [Si] 反应生成 SiO 挥发了。对转炉采用石灰石造渣炼钢引起硅挥发的原因进行了分析，通过热力学计算得到了高碳低温铁水面上 SiO 稳定存在的温度及气氛条件。在标准状态下，SiO 生成反应只在火点区附近可以进行；温度为 1400~2300 K 时，使得 SiO 稳定存在的 p_{CO}/p_{CO_2} 随温度升高逐渐降低，该气氛条件相当于 p_{O_2} 在 10^{-25}~10^{-13} 数量级；在 2 min 内加入石灰石的条件下，[Si] 挥发时的 p_{SiO} 大致在 10^{-2} 数量级，与实际生产中大致相同。

李宏等[98]利用热力学手段对转炉炼钢前期高碳低温铁水条件下的石灰石分解以及分解产生的 CO_2 氧化作用进行了分析，得到了分压与高温低碳区域碳活度系数的求解方程。结果表明，石灰石在高温低碳的铁水附近，其分解反应平衡温度比标准状态时低得多；CO 在转炉冶炼初期可以与熔池中的 [C]、[Si]、[Mn] 和 Fe(l) 等进行反应，反应的排列顺序与各元素被 O_2 氧化的反应相同；在高温低碳铁水条件下氧分压值非常小，转炉初期的二氧化碳分压在 0.0005~

0.0022$p^{\ominus}$，认为石灰石分解产生的 CO_2 全部参与了铁水氧化反应。

田志国等[99]对湘钢炼钢厂采用石灰石替代部分石灰的冶炼新工艺进行了研究。结果表明，石灰石代替部分石灰后，转炉热平衡、前期成渣和造渣效果等能够满足转炉炼钢生产的要求，有效降低了能耗和成本，取得了良好的经济效益。

薛正良等[100]模拟了转炉余热在线高温快速煅烧石灰的条件，在实验室研究煅烧温度、煅烧时间以及不同试样形式对高温煅烧的石灰活性度的影响规律。结果表明，12~15 mm 石灰石颗粒在 1300~1400 ℃煅烧 7 min，石灰活性度大于 335 mL，且石灰活性度随煅烧温度升高而升高；当煅烧超过 12 min 后，石灰开始过烧，活性度明显下降。增大石灰石试样颗粒尺寸，将使煅烧所得的石灰产物活性度降低。在 1400 ℃煅烧时，石灰石粉压制的试样比颗粒试样更容易发生过烧。

魏宝森[101]研究了石灰石在本钢转炉中的应用，认为石灰石用于转炉炼钢具有明显优越性，既可以部分替代石灰，减少对石灰的消耗，同时还可以平衡转炉富裕热量，减少其他降温料的使用量，为炼钢生产节约了成本，创造了更大的利润空间。

田志国等[102]在华菱钢铁公司转炉中采用了石灰石造渣炼钢。结果表明应用该工艺后，转炉热平衡、前期成渣、造渣效果等能够满足转炉炼钢生产的需求，并且降低了能耗和生产成本，取得了良好的经济和社会效益。

1.5 国内外对转炉工艺参数的研究

1.5.1 国外对转炉工艺参数的研究

文献［2］中提到甲斐干等针对 320 t 转炉，取几何比 1∶14.4 并采用修正弗鲁德准数为决定性准数，研究了顶枪枪位和底吹气体对熔池混匀时间的影响。结果表明，熔池混匀时间随 $h_{穿}/H_0$（顶射流产生的凹坑深度和静止熔池深度之比）和底气比（底气流量占顶气流量与底气流量之和的比例）的减少而增大。

Roth 等[103]建立了转炉冷态模型，研究了底气对熔池均混时间的影响。结果表明，底枪布置、底枪个数、底枪喷嘴距离底面中心位置、底吹气体流量以及反应器几何尺寸都会对熔池均混时间产生影响。其中底枪喷嘴布置对熔池均混时间的影响最大，增加喷嘴个数和分隔各个喷嘴可以缩减熔池均混时间。

文献［104］中提到中西等通过冷态模拟实验指出，如果供气量一定，底部供气元件数目越多，则均混时间越长。在其他因素不变时，均混时间与底部供气元件数目的 1/3 次方成正比。

Stiovic 和 Kock[105]研究了单支底部供气元件中心布置、3 支底部供气元件偏心成列布置、7 支底部供气元件过中心成列布置、8 支底部供气元件不同半径上的环形布置及 25 支和 217 支底部供气元件在炉底均匀网状布置，指出底吹气体流速和底部供气元件布置偏心率增加，熔池搅拌效果会更好。

1.5.2 国内对转炉工艺参数的研究

吴伟等[106-107]利用冷态模型对梅钢 150 t 顶底复吹转炉脱磷工艺参数进行了研究。结果表明，选用 6 孔，倾角 17.5°氧枪，底枪布置在 0.52D 圆上，枪位 1.7 m，顶吹流量（标态）为 3000 m³/h，底吹流量（标态）为 540 m³/h 时，熔池搅拌效果最好。作者根据水模实验优化结果制定了吹炼工艺参数并应用于实际操作，结果显示，钢中磷含量大大降低且冶炼时间缩短。

王楠等[108]通过水模型实验研究了 50 t 顶底复吹转炉底透气砖的布置方式和复吹工艺参数对熔池搅拌效果、冲击深度以及喷溅情况的影响。结果表明，底吹布置采用非对称偏心布置可以缩短均混时间。均混时间随底吹气体流量的增加呈现先减小后增加的趋势，当底吹气量（标态）为 2.07 m³/h 时，均混时间达到最短；继续增加气量反而会增大均混时间。顶枪采用高枪位时，由于能量损失较大，冲击面积增大，冲击深度变浅，熔池搅拌效果变差；枪位降低，均混时间达到最小，枪位继续降低，由于顶底吹气体作用相互抵消，均混时间增加。顶吹气量增加，均混时间减小；但是流量过大时，顶底吹动能相互抵消，均混时间又有增大的趋势。

倪红卫等[109]利用 90 t 复吹转炉水模型实验，研究了枪位、底吹流量对熔池搅拌、喷溅、冲击深度的影响。结果表明，枪位 171 ~ 257 mm，底吹流量（标态）为 0.75 m³/h 左右时，熔池混匀时间短，吹炼时喷溅量少；顶底复吹条件下，较浅的熔池冲击深度就可达到良好的搅拌效果，有利于避免冲击炉底，当冲击深度较大时，混匀时间反而增加；顶底复吹时的流场基本类似于纯顶吹时的流场，不同之处是复吹凹坑下面的区域流体螺旋向上运动，同时壁面处的搅拌也明显改善。

李军成等[110]利用水模型实验针对 210 t 复吹转炉研究了底吹元件数目、底吹元件布置方式、底吹供气强度、氧枪枪位对熔池均混时间的影响。认为对于脱磷/脱碳转炉，底吹采用 8 支底吹供气原件，相对集中布置在 0.33D、0.62D 的两个同心圆上时均混时间皆为最短，吹炼也比较平稳；均混时间随底吹强度的增大，先急剧减小到最低，然后缓慢增大；综合考虑脱碳转炉对不同枪位下均混时间随底吹强度的变化，比较合理的底吹供气强度（标态）在 0.15 ~ 0.21 m³/(min·t)的范围内变化，枪位 225 mm（对应原型 1800 mm）时均混时间最短。

孙丽娜等[111]对 150 t 复吹转炉底部供气进行了模拟研究。通过水模型实验，研究了复吹转炉底部供气流量、喷嘴数目及分布对熔池均混时间的影响。通过正交设计试验，测定了不同底气流量、喷嘴数目及不同位置条件下的均混时间，认为复吹转炉中底吹喷枪的布置对熔池均混时间的影响很大，底枪偏于轴线一侧布置优于轴对称布置；底枪布置于不同同心圆上，对熔池均匀混合时间长短有明显的影响，底枪布置距顶枪一次反应区过远，不利于强化搅拌。在实验中底枪布置同心圆与熔池直径之比为 0.45 时，效果较好；底枪支数（如 6 或 4）对均匀混合时间的影响较小。

1.6　国内外对喷粉的研究

1.6.1　国外对喷粉的研究

Protopopov 等[112]研究了在转炉渣中喷粉的行为，建立了喷嘴分散流的数学模型，认为影响颗粒分布的主要因素是粉剂浓度、喷嘴长度和颗粒粒径，并认为该方法可以用来计算短管。

Galiullin 等[113]建立了数学模型来描述转炉熔池凹坑处的流场和质量传输过程，并指出通过确定渣层厚度和形状，可以用来研究粉剂喷吹到熔池凹坑处的热量传递和渣的凝固过程。

Ono 等[114]研究了用氧气喷吹石灰粉在铁水中脱磷的动力学，认为加快石灰化渣速度和提高氧势有利于转炉脱磷。

文献［115］中提到加藤嘉英等认为，底部供气元件不能距顶吹喷枪一次反应区过远，如果顶吹氧与底吹气体的作用区不相关联，则达不到强化搅拌的作用。底部供气元件与炉底中心距的最大值应小于或等于顶吹产生的火点区（即凹坑）最外缘与炉底中心线的水平距离 X 的 1.3 倍，X 可由下式确定：

$$X = h\lg(\theta_1 + \theta_2/2) \tag{1.1}$$

式中，h 为顶枪的高度，mm；θ_1 为顶枪喷孔倾角，(°)；θ_2 为顶枪氧气流股的扩张角，(°)。

日本川崎公司开发了 K-BOP 的顶底复合吹转炉炼钢法[116]。此方法是把占总氧量 30%~40% 的氧气与石灰粉同时从底部吹入，但该法冶炼高中碳钢时脱磷能力差。卢森堡和比利时开发的 LD-AC 技术是把石灰粉从顶吹转炉的氧枪喷入，从而可以改善脱磷效果，但容易引起喷溅。KG-LI 方法是把 LD-AC 和顶底复合吹结合起来，既解决了喷溅问题，又提高了脱磷能力。KG-LI 炼钢法分别在川崎千叶厂第二炼钢车间和川崎水岛厂第二炼钢车间进行了实验。结果表明，脱磷能力提高是由于石灰粉喷入钢液，生成脱磷能力大的 CaO·FeO，渣中 Fe 有所升高，但是调节喷吹时间，能够控制 TFe。

1.6.2　国内对喷粉的研究

王学斌等[117]在 1∶6 的物理模型上进行了水模型实验，并对复吹转炉底吹喷粉时熔池搅拌情况进行了研究。结果表明,喷粉对熔池搅拌有明显的促进作用,喷粉条件下,均混时间随顶吹气体流量的增加存在最小值,增加底吹气体流量对降低均混时间有利,最后确定了实验室条件下的最佳顶气和底气流量。

王楠等[118]认为熔池均混时间、粉剂穿透比和粉剂停留时间是决定铁水包喷粉脱硫效率的3个基本参数,熔池均混时间与搅拌能密度、喷嘴结构、喷枪平面位置均有关系。熔池均混时间随搅拌能密度的加大而缩短;多出口喷嘴的搅拌效果比单出口喷嘴搅拌效果好;喷枪喷嘴出口数目比喷嘴结构对搅拌效果的影响大;喷枪平面位置在离熔池中心 (1/3) R 处时搅拌效果最好。理论分析了影响单个粉剂穿越气-液界面的主要因素,并得到在本实验粉剂粒度分布条件下理论粉剂穿透比的表达式,将实测粉剂穿透比与理论粉剂穿透比进行比较,提出了粉剂穿透比理论值的修正公式。

彭在美[119]对马钢12 t氧气底吹转炉喷粉设备设计和实验中的一些情况进行了研究,分析了料仓下料口堵塞的原因和解决办法,并指出气体输料依靠的不是气体的压力,而是气流的作用,还指出充压罐的下压对下料的影响甚微。

关立华等[120]针对5 t底吹氧气转炉进行了喷吹石灰粉炼钢实验。结果表明,脱磷与脱碳同时进行,吹炼过程平稳。与相同原料的顶吹转炉实验结果比较,它具有冶炼时间短、金属收得率高、石灰消耗低等优点。

欧俭平等[121-122]对鱼雷罐喷粉预处理传输动力学进行了物理模拟,研究了均混时间和粉剂穿透比。通过水模型实验,测定了不同熔池深度、不同喷枪插入深度和角度以及不同喷枪平面位置条件下吹气对熔池搅拌的影响,分析了影响粉剂穿透比的因素,得出了该实验条件下粉剂理论穿透比与粉剂临界穿透直径之间的关系式。同时,对鱼雷罐喷粉预处理传输动力学进行了物理模拟,理论分析并实验测定了粉剂在铁水中的停留时间,研究了影响停留时间的因素,回归了无因次停留时间分布密度曲线和经验关系式。

侯勤福等[123]在鱼雷罐喷粉预处理水模型实验数据的基础上,进一步利用线性回归确定了各工艺操作参数对喷吹基本参数(均混时间、粉剂穿透比和粉剂停留时间)的影响,得出各传输动力学基本参数的函数关系式。利用所得到的回归公式,获得的喷吹基本参数值与实际物理模拟实验所测结果最大误差不超过10%,认为本方法所得到的关系式能够较好地反映实验情况。

陶启兆等[124]在顶吹转炉中进行了喷粉尝试且得到了良好效果。结果表明,随着喷粉量的增加,钢液脱磷率随之上升,同时脱磷效果与原料条件和配比有关。

邓开文等[125]研究了氧气底吹转炉喷粉吹炼含3%P 的高磷半钢。通过对5 t氧气底吹转炉喷粉吹炼含3%P 的半钢的实验结果进行分析,认为用氧气底吹转炉喷石灰粉冶炼3%P、2%C 的高磷半钢,使脱磷显著提前,吹炼过程平稳不喷溅,为使用廉价而又方便的矿石作冷却剂提供了保证。吹炼操作简便,能顺利冶炼低碳钢,并能获得较好的技术经济指标。金属收得率可达80%以上,每吨钢锭钢铁料消耗为1200 kg左右。

郭征等[126]对复吹转炉底吹 $CaCO_3$ 粉剂进行了研究。实验方法是在0.5 t复吹转炉内,在正常操作参数下,用直管将 $CaCO_3$ 粉剂直接喷入熔池,载气以空气为主。研究了不同喷吹压力、喷粉量、固气比及不同喷吹工艺条件的喷粉复吹工艺。结果表明,喷 $CaCO_3$ 粉剂后脱磷和脱硫速度都较顶吹高。随着粉剂量的增加,脱磷和脱硫速度均增加,脱磷率可达到90%,调整 $CaCO_3$ 粉剂量可以有效地调整熔池内的搅拌强度。

赵成林等[127]研究了CAS-OB喷粉过程中精炼粉剂穿透行为,考察了喷枪插入深度、固气比、粉剂粒度和喷嘴出口角度等参数对粉剂穿透行为的影响。认为随着粉剂粒度的增大,粉剂穿透比也随之增大;随着固气比的增加,粉剂穿透比也是增大的。

周建安等[128]分别对铁水包顶、底喷粉脱硫进行了研究。实验方法是将电石基粉喷入20 t铁水包中对含镍铁水进行脱硫对比实验。结果表明,在吨铁消耗脱硫剂为4 kg的前提下,顶喷脱硫率为59%~73%,铁水温降为45~70 ℃;底喷脱硫率为81%~90%,铁水温降为23~36 ℃。顶、底喷粉处理过程时间无显著区别,底喷粉处理总时间比顶喷短5 min左右。底喷粉脱硫工艺具有脱硫效率高、铁水温降小、处理周期短等优点。

1.7　本章小结

通过对目前石灰石煅烧工艺、石灰造渣炼钢、石灰石代替石灰造渣炼钢、国内外转炉工艺参数优化、喷粉冶金等的调研总结发现,活性石灰可以快速化渣,石灰石可以作为造渣剂加入转炉中,优化转炉工艺参数对提高转炉冶炼有重要意义,喷粉可以有效改善冶炼效果。石灰石代替石灰造渣炼钢是近年来比较热门的研究方向之一,前人一般都是从理论分析、物料平衡和热平衡、热力学研究和工业实验等方面对其进行研究。

但是,前人尚未对石灰石在转炉渣和铁水中的分解行为进行研究,尚未建立适用于石灰石在转炉渣和铁水中分解的动力学方程,而且石灰石以块状形式直接加入熔渣中时,会带来石灰石化渣慢和脱磷率低等问题,影响冶炼效果。因此本书在前人工作的基础上,分别从理论分析、石灰石在转炉温度下煅烧的行为、石灰石在转炉渣和铁水中煅烧的行为、石灰石在转炉渣和铁水中分解的动力学以及转炉顶/底喷粉的物理模拟五个方面开展研究,尝试解决这些问题。

2 理 论 分 析

2.1 转炉用石灰石造渣的理论可行性

2.1.1 保证转炉炼钢工序衔接

石灰石分解反应式[98]为

$$CaCO_3 \longrightarrow CaO + CO_2 \quad \Delta G_{CaCO_3}^{\ominus} = 169120 - 144.6T \quad (2.1)$$

石灰石煅烧分解温度是 900 ℃ 左右。氧枪开吹时转炉内铁水温度一般在 1250~1400 ℃，转炉熔池火点温度可达到 1600 ℃ 以上。石灰石在加入转炉后瞬间承受远高于分解温度的高温，急剧升温将促使石灰石表面 $CaCO_3$ 的分解反应激烈进行。原本在炉外需要煅烧 3~5 h 的石灰石在转炉炉内需要将煅烧时间降到几分钟以内，才能够不影响转炉生产节奏，与转炉吹炼工序匹配。

根据文献 [36]、[129] 中的数据，可以得到石灰石煅烧速度方程。假设石灰石的粒径为 0.02 m，计算在不同温度条件下石灰石的完全煅烧时间，如图 2.1 所示。

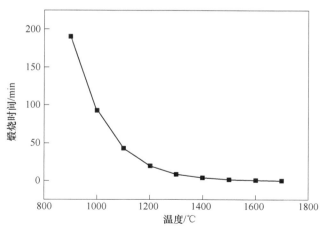

图 2.1　石灰石煅烧时间随温度的变化

由图 2.1 可知，在转炉温度 1600~1700 ℃ 条件下，粒径为 0.02 m 的石灰石可以快速完成煅烧，时间约为 5 min。这个时间相对于转炉吹炼时间而言，不会影响转炉的冶炼进程，因此可以保证转炉炼钢工序衔接。

2.1.2　石灰石炼钢优势

石灰石炼钢有如下优势：

（1）高活性的石灰加快化渣。高温条件下，石灰石快速煅烧，产生的石灰具有晶粒小、石灰孔隙率高和比表面积大的特点，因此可以迅速化渣，提高石灰的利用率。

（2）CO_2的微观搅拌作用。石灰石煅烧会产生大量的CO_2气体，加之转炉内温度较高，气体迅速膨胀几十倍，这使得炉内熔渣泡沫化程度迅速提高，有利于增加石灰与熔渣反应的表面积。煅烧产生的CO_2可以对石灰石颗粒周围的局部熔池产生微观搅拌，提高熔池反应动力学条件。

（3）局部低温有利于快速脱磷。石灰石吸热分解可以造成石灰石颗粒附近铁水局部低温，也会降低炉内铁水温度增加的速率，延长铁水低温时间，有利于转炉早期快速脱磷。

（4）减少冷铁料消耗。石灰石代替石灰后，因为石灰石煅烧需要消耗一部分的热量，所以可以减少其他冷却剂的消耗，如铁矿石、废钢等。另外，石灰石成本远低于活性石灰，因此可以节约原料成本，带来巨大的经济效益。

2.2　二氧化碳与铁水中元素反应的热力学分析

在转炉炼钢吹炼初期，CO_2是氧化性气体，可以与铁水中各元素发生氧化反应。根据热力学数据可以计算出CO_2与铁水中诸元素反应的吉布斯自由能[130]。

$$CO_2 + [C] \longrightarrow 2CO(g) \qquad \Delta G_C^\ominus = 144700 - 135.48T \qquad (2.2)$$

$$CO_2 + 1/2[Si] \longrightarrow CO + 1/2SiO_2(s) \qquad \Delta G_{Si}^\ominus = -117290 - 16.34T \qquad (2.3)$$

$$CO_2 + [Mn] \longrightarrow CO + MnO(s) \qquad \Delta G_{Mn}^\ominus = -122050 + 38.655T \qquad (2.4)$$

$$CO_2 + Fe(l) \longrightarrow CO + FeO(s) \qquad \Delta G_{Fe}^\ominus = 4343 - 13.653T \qquad (2.5)$$

$$CO_2 + 2/5[P] \longrightarrow CO + 1/5P_2O_5(l) \quad \Delta G_P^\ominus = 23410 - 2.035T \qquad (2.6)$$

通过计算可知，在转炉冶炼过程温度范围内，式（2.2）~式（2.5）的标准吉布斯自由能变化均为负值，表明CO_2与[C]、[Si]、[Mn]和Fe(l)的反应可以自发进行，其排列次序与各元素被氧气氧化的顺序相同；式（2.6）的标准吉布斯自由能变化为正值，表明CO_2与[P]不可以自发进行。假设CO_2在各元素间的分配与各元素氧化反应的吉布斯自由能变化成正比，这样就得到了基于吉布斯自由能的CO_2与各元素反应的比例[131]。

$$x_{\mathrm{C}} = \frac{\Delta G_{\mathrm{C}}^{\ominus}}{\Delta G_{\mathrm{C}}^{\ominus} + \Delta G_{\mathrm{Si}}^{\ominus} + \Delta G_{\mathrm{Mn}}^{\ominus} + \Delta G_{\mathrm{Fe}}^{\ominus}} \tag{2.7}$$

$$x_{\mathrm{Si}} = \frac{\Delta G_{\mathrm{Si}}^{\ominus}}{\Delta G_{\mathrm{C}}^{\ominus} + \Delta G_{\mathrm{Si}}^{\ominus} + \Delta G_{\mathrm{Mn}}^{\ominus} + \Delta G_{\mathrm{Fe}}^{\ominus}} \tag{2.8}$$

$$x_{\mathrm{Mn}} = \frac{\Delta G_{\mathrm{Mn}}^{\ominus}}{\Delta G_{\mathrm{C}}^{\ominus} + \Delta G_{\mathrm{Si}}^{\ominus} + \Delta G_{\mathrm{Mn}}^{\ominus} + \Delta G_{\mathrm{Fe}}^{\ominus}} \tag{2.9}$$

$$x_{\mathrm{Fe}} = \frac{\Delta G_{\mathrm{Fe}}^{\ominus}}{\Delta G_{\mathrm{C}}^{\ominus} + \Delta G_{\mathrm{Si}}^{\ominus} + \Delta G_{\mathrm{Mn}}^{\ominus} + \Delta G_{\mathrm{Fe}}^{\ominus}} \tag{2.10}$$

根据各个反应的吉布斯自由能求出各个反应的平衡常数，进而得到不同条件下反应产生的 CO 分压，可以认为 CO_2 都参与了反应。1 mol CO_2 氧化的物质的量相当于 0.5 mol O_2 氧化的物质的量，因此煅烧产生的 CO_2 可以部分代替氧气，减少氧气的消耗。

2.3 转炉炼钢用石灰石造渣的物料平衡和热平衡

2.3.1 物料平衡

定义采用石灰石造渣炼钢后，石灰石煅烧生成的石灰占转炉炼钢总需要石灰的比例为石灰石替代比。以生产 1 t Q235A 钢种为基准，钢铁料成分、原料成分和操作工艺参数来自文献 [132]，设定铁水温度 1375 ℃、出钢温度 1690 ℃ 和石灰石替代比 10% 后，计算用石灰石造渣炼钢的物料平衡和热平衡。表 2.1 ~ 表 2.3 分别是钢铁料成分、原料成分和工艺参数设定值。

表 2.1　钢种、铁水、废钢和终点钢水的成分设定值

元素	成分（质量分数）/%				
	C	Si	Mn	P	S
钢种 Q235A	0.18	0.25	0.55	≤0.045	≤0.050
铁水	4.20	0.80	0.60	0.200	0.035
废钢	0.18	0.25	0.55	0.030	0.030
终点钢水	0.10	痕迹	0.18	0.020	0.021

表 2.2　原料成分

组分	成分（质量分数）/%												
	CaO	SiO$_2$	MgO	Al$_2$O$_3$	Fe$_2$O$_3$	CaF$_2$	P$_2$O$_5$	S	CO$_2$	H$_2$O	C	灰分	其他
石灰	88	2.5	2.6	1.5	0.5	—	0.1	0.06	4.64	0.1	0	0	0

组分	成分（质量分数）/%												
	CaO	SiO$_2$	MgO	Al$_2$O$_3$	Fe$_2$O$_3$	CaF$_2$	P$_2$O$_5$	S	CO$_2$	H$_2$O	C	灰分	其他
萤石	0.3	5.5	0.6	1.6	1.5	88	0.9	0.1	0	1.5	0	0	0
轻烧白云石	36.4	0.8	25.6	1	0	0	0	0	36.2	0	0	0	0
炉衬	1.2	3	78.8	1.4	1.6	0	0	0	0	0	0	0	0
焦炭	0	0	0	0	0	0	0	0	0	0.58	81.5	12.4	5.52

表2.3 工艺参数设定值

名 称	参数	名 称	参数
终渣二元碱度	3.50	渣中铁损（铁珠）占渣量的百分比/%	6.00
萤石加入量占铁水的百分比/%	0.50	氧气纯度/%	99.00
轻烧白云石加入量占铁水的百分比/%	2.50	终渣$w(\sum FeO)$/% （$w(Fe_2O_3)=1.35(w FeO)$）	15.00
炉衬蚀损量占铁水的百分比/%	0.30	氧气中N$_2$的百分含量/%	1.00
氧气中O$_2$的百分含量/%	99.00	炉气中自由氧含量/%	0.50
终渣中$w(Fe_2O_3)/w(FeO)$	0.33	气化去硫量占总硫量的比例	0.33
渣中$w(Fe_2O_3)$/%	5.00	金属中[C]氧化成CO的百分比/%	90.00
渣中$w(FeO)$/%	8.25	金属中[C]氧化成CO$_2$的百分比/%	10.00
烟尘量占铁水的百分比/%	1.50	铁水质量/kg（以1000 kg为基础）	1000.00
烟尘中$w(FeO)$/%	75.00	炉气和烟尘的温度/℃	1450.00
烟尘中$w(Fe_2O_3)$/%	20.00	热损失占总热收入的百分比/%	5.00
喷溅铁水占铁水的百分比/%	1.00		

图2.2是转炉物料平衡示意图。根据物料平衡和热平衡，从转炉炼钢收入项和支出项中得到平衡方程，包括 Fe 平衡、二元碱度平衡、三元碱度平衡、热平衡和氧平衡这 5 个方程。

（1）Fe 平衡。炼钢过程中 Fe 平衡是主要的平衡。Fe 的收入主要是铁水和废钢等钢铁原料，但是一些熔剂中也含有一定量的 Fe，蚀损的炉衬中也有 Fe 的存在。Fe 支出主要是转化成钢水，炉渣和烟尘中也带走了大量的 Fe，同时喷溅也造成了 Fe 的损失。

$$Fe_{hot\ metal} + Fe_{scrap} + Fe_{lime} + Fe_{fluorite} + Fe_{light\ burned\ dolomite} + Fe_{lining}$$
$$= Fe_{steel\ molten} + Fe_{slag} + Fe_{dust} + Fe_{splash} + Fe_{iron\ loss} \qquad (2.11)$$

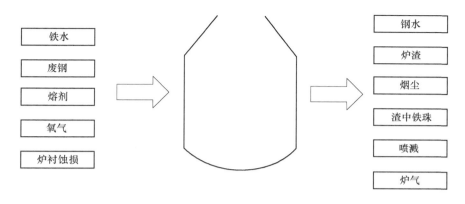

图 2.2　转炉物料平衡示意图

（2）二元碱度平衡。炉渣碱度表示炉渣去除钢液中 S、P 的能力，同时保证炉渣对转炉炉衬具有最低的化学侵蚀性。炉渣碱度表示的方法很多，一般用二元碱度，即 CaO 与 SiO_2 的质量分数表示。转炉炉渣的碱度可以改变 FeO 对钢液的氧化作用[133]。

$$\frac{w(CaO)}{w(SiO_2)} = R_{\text{binary basicity}} \tag{2.12}$$

（3）三元碱度平衡。三元碱度是 CaO 与 MgO 质量分数之和与 SiO_2 质量分数的比例。

$$\frac{w(CaO) + w(MgO)}{w(SiO_2)} = R_{\text{ternary basicity}} \tag{2.13}$$

（4）热平衡。转炉吹炼过程中消耗大量的热能，如此大量的热能主要是由铁水本身的物理热提供，约占一半以上。另外，铁水中的 Si 和 C 等元素氧化也会放出大量的热供给冶炼过程。这些热量最终转化为钢水和炉渣的物理热，冶炼过程中高温的炉气、烟尘等也带走大量的热。废钢熔化以及冶炼过程中的熔剂分解也需要消耗大量的热。

$$Q_{\text{hot metal}} + Q_{\text{oxidization and slagging}} + Q_{\text{dust}} + Q_{\text{lining}} + Q_{\text{Mn heat release}} + Q_{\text{Si heat release}}$$
$$= Q_{\text{steel}} + Q_{\text{slag}} + Q_{\text{scrap absorbtion}} + Q_{\text{furnace gas}} + Q_{\text{dust}} + Q_{\text{iron pellets}} + Q_{\text{splash}} +$$
$$Q_{\text{dolomite}} + Q_{\text{heat loss}} + Q_{\text{limestone}} + Q_{\text{C absorption}} + Q_{\text{Fe absorption}}$$

$$\tag{2.14}$$

（5）氧平衡。转炉吹炼最主要的目的之一是脱碳。在冶炼过程中，喷吹的大量氧气大部分也都用于和铁水中的 C 进行氧化反应，同时也会造成 Fe 的氧化。

$$O_{\text{hot metal}} + O_{\text{lining}} + O_{\text{dust}} + O_{\text{free oxygen in furnace}}$$
$$= O_{\text{sulfur in hot metal}} + O_{\text{sulfur in lime}} + O_{\text{oxygen}} \tag{2.15}$$

在确定原材料和操作参数条件下，根据二元碱度方程、三元碱度方程、Fe平衡方程、氧耗方程和热平衡方程，通过联立式（2.11）~式（2.15）这 5 个线性方程，计算出生产吨钢需要的石灰、石灰石、铁水、废钢和氧气质量，得到加入废钢后的物料平衡表，见表 2.4。

表 2.4　物料平衡表

收入项	质量/kg	百分比/%	支出项	质量/kg	百分比/%
铁水	1000.84	77.59	钢水	1000.00	78.08
废钢	102.51	7.95	炉渣	129.02	10.07
石灰	51.16	3.97	炉气	118.89	9.28
石灰石	9.78	0.76	喷溅	10.01	0.78
萤石	5.00	0.39	烟尘	15.01	1.17
轻烧白云石	37.49	2.91	渣中铁珠	7.74	0.60
炉衬	3.00	0.23			
氧气	80.19	6.22			
总量	1289.97	100.00	总量	1280.67	100.00
计算误差	9.30	0.72			

由以上计算结果可知，物料的收入主要是铁水和废钢，废钢比约为 9%；物料的支出主要是钢水，还有部分炉渣和炉气，分别占 10% 和 9% 左右。

2.3.2　热量平衡

表 2.5 ~ 表 2.8 分别是入炉物料及产物的温度、物料平均比热容、反应热效应和溶入铁水中的元素对铁熔点的影响。

表 2.5　入炉物料及产物的温度

名称	入 炉 物 料			产 物		
	铁水	废钢	其他原料	炉渣	炉气	烟尘
温度/℃	1250	25	25	同钢水	1450	1450

表 2.6　物料平均比热容

物 料 名 称	生铁	钢	炉渣	矿石	烟尘	炉气
固态平均比热容/kJ·(kg·K)$^{-1}$	0.745	0.699	—	1.047	0.996	
熔化潜热/kJ·kg^{-1}	218	272	209	209	209	
液态或气态平均比热容/kJ·(kg·K)$^{-1}$	0.837	0.837	1.248	—	—	1.137

表 2.7　反应热效应

化 学 反 应	$\Delta H/kJ \cdot kg^{-1}$	化 学 反 应	$\Delta H/kJ \cdot kg^{-1}$
$[C]+1/2\{O_2\} \rightarrow CO$	−11639	$2[P]+5/2\{O_2\} \rightarrow P_2O_5$	−18980
$[C]+\{O_2\} \rightarrow CO_2$	−34834	$P_2O_5+4(CaO) \rightarrow 4CaO \cdot P_2O_5$	−4880
$[Si]+\{O_2\} \rightarrow SiO_2$	−29202	$(SiO_2)+2(CaO) \rightarrow 2CaO \cdot SiO_2$	−1620
$Mn+1/2\{O_2\} \rightarrow MnO$	−6594	$CaCO_3 \rightarrow (CaO)+\{CO_2\}$	1690
$[Fe]+1/2\{O_2\} \rightarrow FeO$	−4250	$MgCO_3 \rightarrow MgO+\{CO_2\}$	1405
$2[Fe]+3/2\{O_2\} \rightarrow Fe_2O_3$	−6460		

表 2.8　铁水中的溶解元素对铁熔点的影响

元　　素	C						
在铁水中的极限溶解度	5.41						
溶入1%元素使铁熔点降低值/℃	65	70	75	80	85	90	100
使用含量范围/%	<1	1	2	2.5	3	3.5	4
元　　素	Si	Mn	P	S	Al	Cr	N、H、O
在铁水中的极限溶解度	18.5	无限	2.8	0.18	35	无限	0
溶入1%元素使铁熔点降低值/℃	8	5	30	25	3	1.5	—
氮氢氧溶入使铁熔点降低值/℃	—	—	—	—	—	—	6
使用含量范围/%	≤3	≤15	≤0.7	≤0.08	≤1	≤18	—

　　图 2.3 是转炉热平衡示意图。转炉冶炼热量的主要来源是铁水物理热以及元素氧化的化学热，主要支出是钢水物理热和炉渣物理热。根据以上数据，利用热平衡原理计算得到表 2.9。

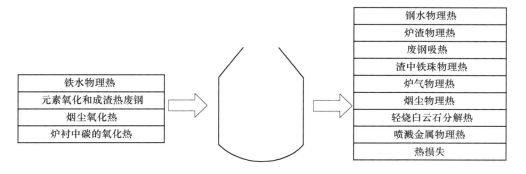

图 2.3　转炉热平衡示意图

表 2.9   热平衡表

收入项	热量/J	百分比/%	支出项	热量/J	百分比/%
铁水热收入	1250688.20	55.13	钢水物理热	1414197.20	62.33
元素氧化及成渣热	955258.37	42.11	炉渣物理热	295060.52	13.01
C 氧化	566998.61	24.99	废钢吸热	144954.54	6.39
Si 氧化	220755.48	9.73	炉气物理热	192631.52	8.49
Mn 氧化	20699.01	0.91	烟尘物理热	24445.24	1.08
P 氧化	34193.00	1.51	铁珠物理热	10947.66	0.48
Fe 氧化	60804.96	2.68	喷溅金属物理热	14153.98	0.62
P_2O_5 成渣热	20632.46	0.91	白云石物理热	36975.47	1.63
SiO_2 成渣热	31174.85	1.37	热损失	113435.97	5.00
烟尘氧化热	50796.59	2.24	石灰石分解热	15546.36	0.69
炉衬中 C 的氧化热	5867.55	0.26	$CO_2+[C] \rightarrow 2CO(g)$	4998.15	0.22
$CO_2+[Mn] \rightarrow CO+MnO(s)$	3746.50	0.17	$CO_2+Fe(l) \rightarrow CO+FeO(s)$	1372.82	0.06
$CO_2+\frac{1}{2}[Si] \rightarrow CO+\frac{1}{2}SiO_2(s)$	2362.22	0.10			
总量	2268719.43	100.00	总量	2268719.43	100.00

由表 2.9 可知，转炉冶炼过程中热收入主要是铁水的物理热、元素氧化热及成渣热，约占总热量的 97%；热支出主要是钢水的物理热和炉渣的物理热，约为 75%。石灰石替代比为 10% 时，石灰石的分解热占热量支出的 0.69%，降低了废钢的消耗。CO_2 和 [Si]、[Mn] 反应的放热与 CO_2 和 [C]、[Fe] 反应的吸热基本相当。

影响物料平衡和热平衡的主要因素为初始铁水温度、铁水成分（C、Si、Mn）、目标出钢温度、目标钢水成分及造渣原材料条件。根据以上的平衡计算方法可以建立计算模型对不同初始条件下的物料平衡和热平衡进行快速测算，以找到适合不同钢种、不同冶炼条件下较合理的物料配比，使物料消耗较少，能耗较低。

为了研究该计算条件下石灰石的最高替代比，继续减少废钢加入量直至零，得到石灰石最高替代比为 71%，物料消耗结果见表 2.10。

表 2.10   71%石灰石造渣炼钢与全石灰造渣炼钢物料消耗比较   （kg）

项目	铁水	废钢	石灰	石灰石	萤石	白云石	炉衬	氧气	总量
71%石灰石	1114.23	0	18.42	77.18	5.57	41.73	3.34	79.29	1339.76
全石灰	984.81	117.00	55.93	0	4.92	36.89	2.95	80.36	1282.86

由表 2.10 可知，采用 71%石灰石替代石灰后，铁水消耗显著增加，废钢消耗显著降低，相应的其他造渣剂消耗略有升高，氧气的消耗略微下降。这是因为石灰石煅烧分解需要更多的热量，而这些热量主要由铁水提供，从而减少废钢的消耗。石灰石煅烧分解产生二氧化碳，二氧化碳作为转炉熔池里面的弱氧化剂，可以和熔池铁水中的 [C]、[Si]、[Mn] 和 Fe(l) 发生反应，代替部分氧气。

继续加大石灰石替代比，研究石灰石替代比提高后转炉出钢的温度变化。图 2.4 所示为出钢温度随石灰石替代比的变化趋势。

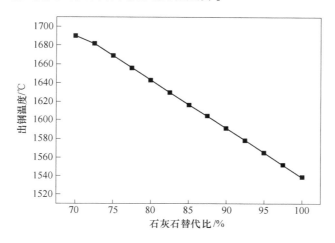

图 2.4 出钢温度随石灰石替代比的变化

由图 2.4 可知，当石灰石替代比超过 71%时，若继续增加石灰石替代比，转炉出钢温度逐渐下降，开始低于初始设置的转炉出钢温度。在石灰石替代比为 100%时，转炉出钢温度已经下降到 1539 ℃。由于温度下降太多，已经不满足转炉初始设置的出钢温度要求，所以实际生产中必须对不同冶炼条件下石灰石替代比设定相应的上限。

采用石灰石进行转炉造渣炼钢后，由于石灰石煅烧产生的 CO_2 参与了铁水中部分易氧化元素的反应，从而会引起转炉炉气体积和炉气成分的变化。图 2.5 所示为吨钢炉气体积随石灰石替代比的变化趋势。由图可知，随着石灰石替代比提高，吨钢炉气体积显著提高，从 83.34 m^3/t 提高到 110.83 m^3/t，提高了约 33%。

现代转炉生产一般采用了炉顶煤气回收装置，转炉煤气质量是转炉煤气回收价值判定的重要指标，因此进一步研究了不同石灰石替代比条件下炉气成分的变化。图 2.6 所示为炉气成分随石灰石替代比的变化趋势。

由图 2.6 可知，转炉炉气成分主要是 CO 和 CO_2，并且随着石灰石替代比的提高，SO_2、H_2O、N_2 和 CO_2 的百分含量逐渐降低，CO 百分含量逐渐升高，因此转炉煤气热值提高，经济价值也得到提高。这是因为石灰石分解产生的 CO_2 与

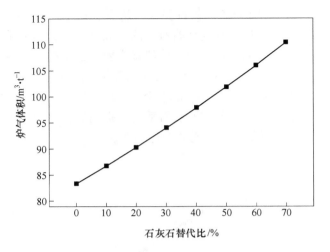

图 2.5　吨钢炉气体积随石灰石替代比的变化

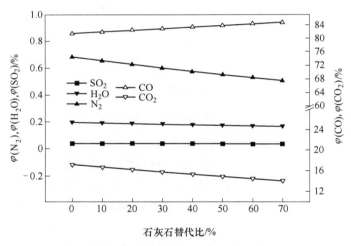

图 2.6　炉气成分随石灰石替代比的变化

铁水中元素发生反应生成了 CO，随着 CO 体积增大，CO 体积比也相应增大，而其余气体体积比减少。

复吹转炉中一般采用顶吹氧气的方式进行吹炼，吨钢氧气消耗是衡量冶金操作的重要指标，而且采用石灰石进行造渣量炼钢后，石灰石可能与熔池铁水中易氧化的 [C]、[Si]、[Mn] 和 [Fe] 等发生反应，因此需要详细考察加入石灰石后，吨钢氧气消耗的变化。图 2.7 所示为吨钢氧气消耗随石灰石替代比的变化趋势。由图可知，随着石灰石替代比的提高，吨钢氧气消耗有所减少，这是由于石灰石分解产生的 CO_2 参与了部分熔池氧化反应，代替了部分氧气。

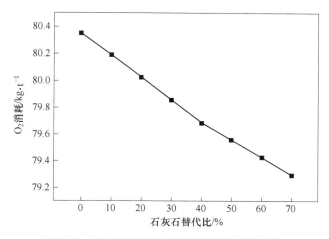

图 2.7 吨钢氧气消耗随石灰石替代比的变化

通过进一步计算可知，采用最大石灰石替代比后，生产吨钢 CO 产量增加 32.7 kg，CO_2 产量增加 2.36 kg。按我国转炉每年钢铁产量 7 亿吨计算，转炉可增产 CO 达 2287 万吨。若不采用石灰石代替石灰，煅烧相应的石灰产生的 CO_2 为 32.32 m^3/t。这样相当于每生产 1 t 钢，会减少 CO_2 排放 29.96 kg，全年 CO_2 排放减少 2097 万吨。总之，采用石灰石代替石灰后，增加了 CO 产量，减少了 CO_2 排放，既有经济效益，又保护了环境。

2.4 转炉炼钢成本计算

为进一步量化采用石灰石造渣炼钢后，转炉炼钢成本的变化，以生产吨钢为例，计算冶炼成本。原材料成本设定为，铁水成本 2100 元/t（某企业内部价），轻烧白云石 235 元/t，活性石灰 357 元/t，石灰石 55 元/t，废钢 2680 元/t，萤石 600 元/t[99]。根据物料平衡和热平衡，计算不同石灰石替代比条件下冶炼钢水的成本，结果见表 2.11。

表 2.11 不同石灰石替代比条件下吨钢物料成本

替代比/%	铁水/kg	废钢/kg	石灰/kg	石灰石/kg	萤石/kg	白云石/kg	成本/元
0	984.74	117.06	55.93	0.00	4.92	36.88	2508.79
10	1000.85	102.50	51.16	9.78	5.00	37.49	2504.18
20	1017.50	87.45	46.23	19.88	5.09	38.11	2499.41
30	1034.71	71.89	41.14	30.32	5.17	38.75	2494.49

替代比/%	铁水/kg	废钢/kg	石灰/kg	石灰石/kg	萤石/kg	白云石/kg	成本/元
40	1052.55	55.77	35.87	41.13	5.26	39.42	2489.38
50	1071.73	38.43	30.44	52.35	5.36	40.14	2483.96
60	1091.62	20.45	24.80	63.99	5.46	40.89	2478.33
70	1112.26	1.78	18.95	76.06	5.56	41.66	2472.49
71	1114.24	0.00	18.39	77.22	5.57	41.73	2471.95

由表 2.11 可知，随着石灰石替代比的提高，转炉吨钢冶炼成本逐渐降低，如果采用最大替代比 71% 后，可以节约 36.84 元。

2.5　转炉物料平衡和热平衡可视化软件开发

转炉物料平衡和热平衡计算对组织生产、改进生产工艺、实现计算机自动控制有着极其重要的意义。但由于计算过程涉及的环节和内容较多，传统的人工计算方式繁杂且容易出错，因此有必要编制物料平衡和热平衡计算可视化界面来用于物料平衡和热平衡计算。随着计算机技术的发展，面向对象的程序语言越来越多，可视化的程序设计亦得到发展，本书采用 Visual Basic 6.0 作为转炉炼钢物料平衡和热平衡模型的软件开发工具。

2.5.1　Visual Basic 简介

Visual Basic 是面向对象的程序语言，它最重要的新特征是真正实现面向对象的编程（OOP，Object-Oriented-Program ming）。OOP 方法是最新、最进步的程序制作方法，此种方法将代码和数据组成自主的对象。在一个程序内制作的对象，可以很容易地用在另一个应用程序内，因而可以节省程序开发的时间。Visual Basic 中的类模块可以使应用程序更具有结构性；集合提供了一种组织和构造对象的灵活方法；ActiveX 技术提供了一种不同部分之间共享和使用对象的机制，有利于把握较大的项目，并且当使用对象时能够保持清晰的结构。采用面向对象技术可使小组合作编程和单个程序员项目变得更为容易。

Visual Basic 自从 1991 年推出后，因界面友好、简单易用，而得到迅速推广。使用 Visual Basic 不仅开发一般的 Windows 应用程序十分方便，进行多媒体和数据库等应用程序的开发也得心应手。Visual Basic 的框架非常简单，复杂的是它的各种对象、控件以及它们的属性、方法和事件的含义和使用方法。

2.5.2 转炉物料平衡和热平衡可视化程序

本书根据转炉用石灰石造渣炼钢过程的理论分析，开发了转炉冶炼过程的物料平衡和热平衡计算可视化软件。该软件只需输入有关数据，即可快速计算所需操作参数及结果。钢铁企业的很多操作将不再需要人工的计算和操作，大部分任务都将由计算机完成，从而减轻了工作人员的劳动强度，节省了时间，大大提高了工作效率。因此，开发可视化应用软件以满足生产需要，将是大势所趋。

2.5.2.1 程序主界面

物料平衡和热平衡的可视化界面可以全面、智能、友好地将结果显示出来。图2.8所示为程序主界面。

程序主界面包括五个按钮：原料条件、参数假设、钢种成分、确定和退出。

图2.8 程序主界面

2.5.2.2 输入项界面

点击"原料条件"按钮，进入原料条件设定界面，可对铁水成分、废钢成分、造渣剂和炉衬成分、铁合金成分及其回收率等进行设定。图2.9~图2.15分别是原料条件设定界面、铁水成分设定界面、废钢成分设定界面、造渣剂和炉衬成分设定界面、铁合金成分及其回收率设定界面、钢种成分设定界面和参数假设界面。

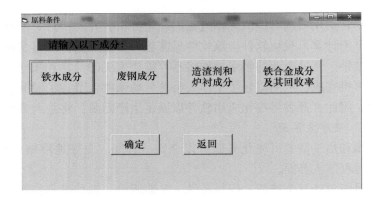

图 2.9　原料条件设定界面

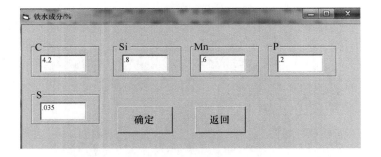

图 2.10　铁水成分设定界面

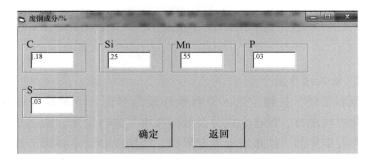

图 2.11　废钢成分设定界面

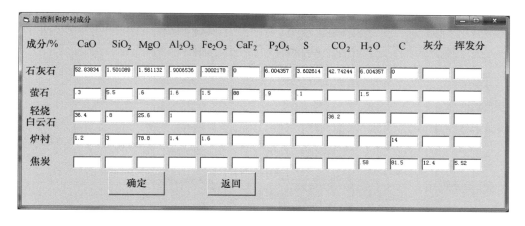

图 2.12 造渣剂和炉衬成分设定界面

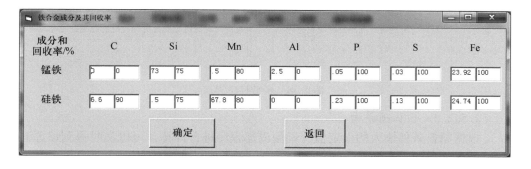

图 2.13 铁合金成分及其回收率设定界面

图 2.14 钢种成分设定界面

参数假设

终渣碱度(二元碱度)	3.5	渣中铁损(铁珠)占渣量的百分比/%	6	热损失占总热收入的百分比/%	5
萤石加入量占铁水的百分比/%	.5	增碳剂焦炭的回收率/%	75	过热度/℃	70
轻烧白云石加入量占铁水的百分比/%	2.5	氧气中O2的百分含量/%	99	铁水温度/℃	1250
炉衬蚀损量占铁水的百分比/%	.3	氧气中N2的百分含量/%	1	炉渣温度/℃	与钢水温度相同
终渣$w(\Sigma FeO)$/%	15	炉气中自由氧含量/%	.5	废钢温度/℃	25
终渣中 $w(Fe_2O_3)/w(FeO)$	.333333	气化去硫量占总硫量的比例	.3333	出钢时的实际温降/℃	50
烟尘量占铁水的百分比/%	1.5	金属中[C]氧化成CO的百分比/%	90	镇静时的温降/℃	50
烟尘中$w(FeO)$/%	75	金属中[C]氧化成CO2的百分比/%	10		
烟尘中 $w(Fe_2O_3)$/%	20	铁水质量/kg(以1000 kg为基础)	1000		
喷溅铁水占铁水的百分比/%	1	炉气和烟尘的温度/℃	1450		

确定　　返回

图 2.15　参数假设界面

2.5.2.3　输出项界面

根据原料条件输入的设定值，调用内部程序进行计算，可以实时得到该原料及操作条件下物料平衡及热平衡结果。图 2.16 所示为数据输出界面，点击物料平衡和热平衡按钮，可以完成对物料平衡和热平衡的运算和显示。

数据输出

物料平衡　　热平衡　　原料计算模块　　确定　　返回

图 2.16　数据输出界面

2.6 本章小结

首先从理论上分析了转炉采用石灰石造渣炼钢的可行性；然后对 CO_2 与铁水中元素的反应进行了热力学分析；之后以转炉物料平衡和热平衡为基础，对采用石灰石造渣炼钢后的物料平衡和热平衡进行计算，并确定了采用石灰石造渣炼钢的成本；最后采用 Visual Basic 进行可视化软件开发。得到如下结论：

（1）转炉内的温度和热量可以满足石灰石煅烧的需要。

（2）CO_2 作为转炉熔池里面的弱氧化剂，可以和熔池铁水中的 ［C］、［Si］、［Mn］ 和 Fe(1) 发生反应，代替部分氧气。

（3）在本实验条件下，石灰石的最大替代比为 71%。

（4）采用石灰石造渣炼钢，可以减少废钢和氧气的消耗，提高转炉煤气质量，若采用最高石灰石替代比炼钢则每吨钢多产 CO 达 32.7 kg，减少 CO_2 排放 29.96 kg。

（5）采用最大石灰石替代比进行转炉炼钢，每吨钢将节约 36.84 元，能产生巨大的经济效益。

（6）采用 Visual Basic 软件编程，开发了用于石灰石炼钢的物料平衡和热平衡的可视化软件。

3 转炉温度条件下石灰石煅烧的行为

通过第 2 章的分析可知,石灰石代替石灰加入转炉时,转炉内的热量可以满足石灰石煅烧的要求。然而,石灰石在转炉内能否快速完成煅烧,同时保持较高活性,是石灰石能否代替石灰造渣炼钢的重要指标。本章对转炉温度条件下石灰石的煅烧行为进行研究,确定不同粒径石灰石在转炉温度条件下煅烧后的活性度,为生产实际提供指导。

3.1 石灰石煅烧行为的实验方法

石灰是炼钢过程中主要的造渣剂之一,炼钢过程中石灰参与造渣反应的能力通常用其活性度来表示。一般而言,按 YB/T 105—2005《冶金石灰物理检验方法》测定的活性度大于或等于 300 mL(4N-HCl)的石灰称为活性石灰[134]。活性石灰需要在 1050~1200 ℃ 时煅烧而成。转炉出钢溅渣后炉内温度高达 1300~1400 ℃,入炉铁水的温度要求保证在 1250 ℃ 以上,因此无论是出钢后将块状石灰石直接加入熔池,还是待铁水加入后石灰石再以块状形式或者顶喷粉/底喷粉形式再加入铁水中,这些温度均远高于通常情况下石灰石的煅烧温度,因此有必要考察石灰石在转炉温度条件下的煅烧行为,并测定石灰石煅烧后的石灰活性度。转炉炼钢中采用的石灰粒度要求在 20~40 mm,石灰石需要在 1000~1200 ℃ 石灰窑中煅烧数个小时。在本实验条件下,采用产地为沈阳苏家屯的石灰石作为原料,在管式高温炉中对不同粒径的石灰石颗粒进行煅烧。

3.1.1 石灰石的物性

首先将石灰石颗粒破碎,然后筛分,最终获得 200 目(74 μm)以下的石灰石粉剂。为了详细了解石灰石煅烧特性,采用 NETZSCH STA 409 C/CD 差热分析仪对试样进行分析。石灰石煅烧是在氩气保护氛围中进行的,以 10 ℃/min 升温速率进行升温。图 3.1 所示为石灰石粉剂的 TG-DTG 曲线,可以看到,本书采用石灰石的开始分解温度为 758.2 ℃,在 866.1 ℃ 时分解速率达到最大,失重率为 43.31%。表 3.1 为石灰石粉剂在差热分析仪中煅烧后的化学成分。

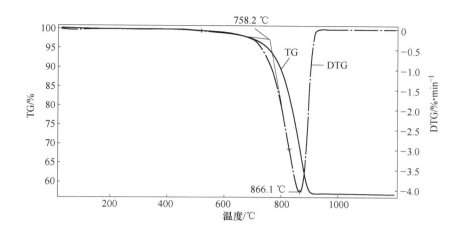

图 3.1　石灰石粉剂的 TG-DTG 曲线（10 ℃/min，氩气保护）

表 3.1　石灰石粉剂煅烧后的化学成分

组分	CaO	MgO	SiO₂	Al₂O₃	K₂O	Fe₂O₃	SO₃
成分(质量分数)/%	88.56	5.66	3.84	0.87	0.51	0.44	0.12

3.1.2　石灰石高温快速煅烧方法

采用管式高温炉煅烧石灰石，其中未通保护气。考察石灰石粒径、煅烧温度和煅烧时间对石灰活性度的影响，确定实验室条件下石灰石煅烧的最佳工艺参数。石灰石粒径分别取 0.01 m、0.02 m 和 0.03 m，煅烧温度取 1000 ℃、1100 ℃、1200 ℃、1300 ℃ 和 1400 ℃，煅烧时间取 2 min、6 min、10 min、14 min 和 18 min。完成煅烧后，测定生成石灰活性度。

3.1.3　石灰活性度的测定

采用 YB/T 105—2005《冶金石灰物理检验方法》，将煅烧好的石灰破碎筛分，得到粒度为 1~5 mm 的石灰试样，称取其中 50.0 g 置于表面皿中。采用恒温水箱进行实验，实验中调整恒温水箱控制温度为 40 ℃，量取 2000 mL 水倒入容量为 3000 mL 的烧杯中，开动搅拌仪搅拌并用温度计测量水温。待恒温水箱温度稳定后，加入酚酞指示剂 8~10 滴，将表面皿中试样一次性倒入水中进行消化反应，同时计时。当消化反应开始，烧杯中的水呈红色时，使用 4 mol/L 盐酸均匀滴定，直至溶液红色消失。查找恰好在 10 min 时消耗盐酸的毫升数，即为石灰的活性度。

3.2 实验结果及分析

图 3.2 所示为粒径 0.01 m 的石灰石在不同温度条件下煅烧后所测得的石灰活性度。由图可知，粒径为 0.01 m 的石灰石在 1000 ℃煅烧时，所得石灰活性度随着煅烧时间增加，最后达到 350 mL 以上；石灰石在 1100 ℃煅烧时，所得石灰活性度随煅烧时间增加，在 14 min 时达到最大，随后下降；石灰石在 1200 ℃煅烧时，所得石灰活性度随煅烧时间增加，在 10 min 时达到最大，随后下降；在 1300 ℃煅烧时，随煅烧时间增加，所得石灰活性度在 6 min 时达到 350 mL 以上，随后下降；在 1400 ℃煅烧时，随煅烧时间增加，所得石灰活性度在 6 min 时达到 350 mL 以上，随后下降。

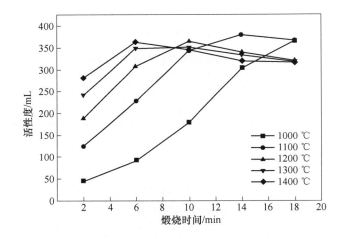

图 3.2 石灰石颗粒煅烧后活性度 （$d=0.01$ m）

图 3.3 所示为粒径 0.02 m 的石灰石在不同温度条件下煅烧后所测得的石灰活性度。由图可知，粒径为 0.02 m 的石灰石在 1000 ℃煅烧时，所得石灰的活性度随着煅烧时间的增加而增加，最后达到 325 mL 以上；在 1100 ℃煅烧时，所得石灰的活性度随煅烧时间的增加而增加，最后达到 350 mL 以上；在 1200 ℃煅烧时，所得石灰的活性度随煅烧时间增加，在 14 min 时达到最大，随后下降；在 1300 ℃煅烧时，所得石灰的活性度随煅烧时间增加，在 10 min 时达到 350 mL 以上，随后下降；在 1400 ℃煅烧时，所得石灰的活性度随煅烧时间增加，在 10 min 时达到 350 mL 以上，随后下降。

图 3.4 所示为粒径 0.03 m 的石灰石在不同温度条件下煅烧后所测得的石灰活性度。由图可知，粒径为 0.03 m 的石灰石在 1000 ℃煅烧时，所得石灰的活性

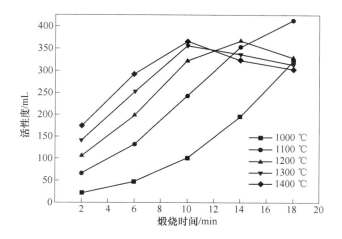

图 3.3 石灰石颗粒煅烧后活性度（$d = 0.02$ m）

度随着煅烧时间的增加而增加，最后达到 250 mL 以上；在 1100 ℃ 煅烧时，所得石灰的活性度随煅烧时间的增加而增加，最后达到 350 mL 以上；在 1200 ℃ 煅烧时，所得石灰的活性度随煅烧时间增加，在 18 min 时达到 400 mL，随后下降；在 1300 ℃ 煅烧时，所得石灰的活性度随煅烧时间增加，在 14 min 时达到 350 mL 以上，随后下降；在 1400 ℃ 煅烧时，得到石灰的活性度随煅烧时间增加，在 14 min 时达到 350 mL 以上，随后下降。

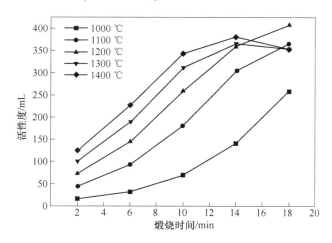

图 3.4 石灰石颗粒煅烧后活性度（$d = 0.03$ m）

综合图 3.2~图 3.4 可知，石灰石的粒径和煅烧温度对石灰石煅烧后所获得石灰的活性度有很大影响。在转炉温度下煅烧石灰石可以显著降低石灰石完全煅烧所需要的时间；相同的煅烧温度下，小粒径的石灰石可以更快地完成煅烧；石灰石得到完全煅烧后，若继续煅烧，石灰会过烧，从而造成活性度降低。在 1300 ℃时，粒径为 0.01 m、0.02 m 和 0.03 m 的石灰石颗粒完全煅烧时间分别为 6 min、10 min 和 14 min，且活性度能够达到 350 mL 以上，转炉吹炼时间约为 18 min。因此，在保证石灰活性度的条件下，采用合适的粒径并把握加入时间，则石灰石加入转炉后可以获得较高活性的石灰，能够与转炉冶炼工序有效衔接。

3.3　本 章 小 结

在实验室条件下，测定了不同粒径石灰石颗粒在空气中 1000 ℃、1100 ℃、1200 ℃、1300 ℃和 1400 ℃条件下煅烧后所得石灰的活性度，得到如下结论：

(1) 粒径和煅烧温度是影响石灰活性度的主要因素。本实验条件下，不同粒径石灰石在不同温度煅烧不同时间时，得到石灰的活性度不同。

(2) 在转炉温度下煅烧石灰石，可以显著降低石灰完全煅烧所需要的时间。

(3) 在 1300 ℃时，粒径为 0.01 m、0.02 m 和 0.03 m 的石灰石颗粒完全煅烧时间分别为 6 min、10 min 和 14 min，且活性度能够达到 350 mL 以上，若继续煅烧石灰石，煅烧后石灰的活性度会随之降低。

(4) 粒径较大的石灰石应尽量早地加入转炉，从而有效提高石灰石的利用率，加快化渣。

4 石灰石在转炉渣和铁水中的煅烧行为

第3章研究了石灰石在转炉温度下煅烧后石灰的活性度。结果表明石灰石在转炉温度条件下可以完成煅烧,并且煅烧产物具有较高活性度,不同粒径的石灰石完全煅烧的时间不同。采用石灰石代替石灰作为造渣剂加入转炉后,不管石灰石是以块状形式直接加入转炉还是以顶/底喷粉形式喷入,石灰石都有机会与铁水接触,并最终停留在熔池表层,也就是渣层。因此,石灰石在转炉渣和铁水中均有机会进行煅烧,且转炉中的温度显著高于传统石灰窑中的煅烧温度,使得石灰石可以快速完成煅烧。在石灰窑中煅烧时,煅烧产物表层不会生成硅酸二钙($2CaO \cdot SiO_2$);而在转炉渣中煅烧时,分解产生的氧化钙容易与转炉渣中的二氧化硅反应生成硅酸二钙,阻碍二氧化碳向外扩散,从而可能影响化渣。转炉加入石灰的主要目的是早期脱磷。若石灰石直接与铁水接触,可以减少硅酸二钙的产生,从而有利于化渣和脱磷。前人对石灰在转炉渣中的化渣行为进行了很多研究,但是对于石灰石在转炉渣和铁水中的煅烧行为研究很少。为此,本章通过高温实验,主要针对石灰石在转炉渣和铁水中的煅烧行为进行研究。

4.1 实验原理及实验装置

旋转圆柱试样法已广泛应用于冶金高温实验[47-49]。对于长圆柱体而言,其各个方向上的传热和传质条件相同,因此通过考察不同反应时间后试样的煅烧层厚度,可以获得实验条件下相关的动力学参数。

本章采用管式高温炉,在实验室条件下分别研究石灰石在转炉渣和铁水中的煅烧行为,进一步论证在转炉中用石灰石代替石灰造渣炼钢的可行性。

4.1.1 实验材料

4.1.1.1 石灰石样品制备和成分

前人采用旋转圆柱法研究石灰在转炉渣中的化渣行为[47-49],其试样通常是通过石灰粉压制成型获得的。若采用同样的方法压制石灰石粉,会改变石灰石原有的微观结构,可能导致实验数据不具代表性。本实验采用沈阳苏家屯石灰石块为原料,通过钻床加工获得尺寸为 $\phi14\ mm \times 50\ mm$ 的石灰石试样,如图 4.1 所示。

图 4.1   实验用石灰石试样

4.1.1.2   熔渣的配制

目前，转炉冶炼大多采用恒压变枪冶炼工艺。在此工艺条件下，成渣路线有两种：第一种是钙质成渣路线。这是一种由于铁水温度低而被迫采取的操作方式，枪位变化为低—高—低。开吹时采用低枪位，脱碳速度快，渣中 FeO 含量低，石灰溶解速度缓慢，炉渣成分主要为 SiO_2、MnO，此过程将一直持续至脱碳期。进入脱碳期碳氧化速度逐渐降低，渣中 FeO 开始回升，石灰大量溶解。第二种是铁质成渣路线。其采用高—低—高—低枪位操作。开吹时高枪位脱碳速度慢，渣中 FeO 含量高，石灰溶解速度快，较易形成流动性好的高氧化性渣。对比两种成渣路线对石灰石替代石灰工艺影响，可知若以钙质成渣路线作为转炉石灰石替代石灰的成渣路线，将延缓石灰石的分解速度，导致无法在吹炼前期快速成渣。采用第二种铁质成渣路线则能较好地在前期快速化渣，并可以改善脱磷效果。因此，实验中沿铁质成渣路线选取熔渣成分。另外，考虑到石灰石加入转炉的时机应基本维持在转炉前期吹炼开始至吹炼时间 1/3 处，故选取吹炼前期熔渣碱度，即二元碱度 $R = 1.0$。

综合以上两个因素并结合 $CaO\text{-}Fe_tO\text{-}SiO_2$ 三元相图[135]，选取合成渣成分见表 4.1。

表 4.1   实验用合成渣成分

组分	CaO	SiO_2	ΣFe_tO
成分(质量分数)/%	30	30	40

4.1.1.3   生铁的配制

本实验研究石灰石代替石灰加入转炉后，其在熔池内的煅烧行为，故采用转炉冶炼用生铁块作为制备铁水的原材料，其成分见表 4.2。

4.1.2   实验设备及步骤

图 4.2 和图 4.3 分别为实验设备示意图和实验装置图。实验设备主要包括管

式高温炉主体、冷却系统、升降及搅拌系统和计算机控制系统。

表 4.2 实验用生铁成分

元素	C	Si	Mn	P	S	Ti	V
成分（质量分数）/%	4.45	0.077	0.151	0.097	0.041	0.055	0.377

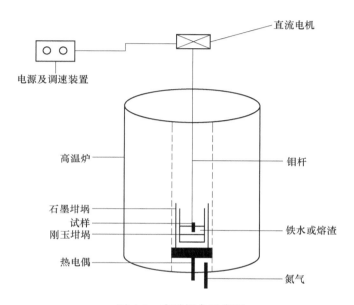

图 4.2 实验设备示意图

(a) (b)

图 4.3 实验装置图

（a）管式高温炉；（b）升降及搅拌装置

本实验的目的是研究石灰石试样在不同条件下煅烧层厚度的变化,在其基础上确定动力学参数。实验步骤如下:

(1) 将称量和配好的 200 g 渣或者 500 g 生铁块放入刚玉坩埚中,然后将刚玉坩埚放置在保护性石墨坩埚中,最后将石墨坩埚小心置于高温炉加热区;

(2) 打开控制电源,通 0.5 L/min 氮气吹扫,并通冷却水保护。启动升温程序,进入高温炉温度控制界面,给触发电压,之后逐渐加大电压;

(3) 设定高温炉加热模式,首先是手动升温,待温度超过 400 ℃ 时,将温度控制模式改为自动控制,加热到设定温度;

(4) 待炉内温度达到设定值时,调节搅拌装置,夹持试样并将其浸入转炉渣或者铁水中,同时调节转速使试样保持以某个速度旋转并开始计时;

(5) 待达到设定时间后,停止旋转,将煅烧后的试样缓慢提升出高温炉,获得样本;

(6) 采用 Image-Pro Plus 软件分析测量样本截面煅烧层的厚度;

(7) 采用晶相分析仪器分析样本径向矿相分布。

对煅烧后的石灰石试样进行分析的难点在于如何确定煅烧层厚度。本实验采用柱状石灰石试样,首先将煅烧后的试样在砂纸上小心研磨,获得均匀的横截面;然后对石灰石试样横截面进行拍照;最后采用 Image-Pro Plus 软件测定横截面上的反应层厚度。

Image-Pro Plus 软件是一款专门用来进行图像后处理的软件,采用该软件可以对采集到的图像进行全面的分析并得到理想的数据。采用该软件获得反应层厚度的步骤如下:

(1) 打开 Image-Pro Plus 软件,导入需要处理的图片;

(2) 确定实际物体和图片的比例尺寸;

(3) 采用灰度处理法,划定需要分析的区域(包括样本横截面和中心未反应石灰石横截面);

(4) 计算获得被分析区域的像素个数,确定样本及中心未反应石灰石的横截面面积,进而获得石灰石煅烧层的厚度。

4.2　石灰石在转炉渣中的煅烧行为

4.2.1　实验方案设计

本实验考虑温度、转速和反应时间对石灰石煅烧层厚度的影响。因转炉冶炼铁水温度一般为 1250 ℃ 以上,实验中选取 1250 ℃、1300 ℃ 和 1350 ℃ 三个温度[136-137]。石灰石试样选取 0 r/min 和 150 r/min 两个转速。为确保实验顺行和取样的准确性，旋转实验中反应时间为 30~90 s，每 15 s 一组实验；静止实验中反应时间为 30~120 s，每 10 s 一组实验。

4.2.2 石灰石在转炉渣中煅烧的结果及讨论

4.2.2.1 转炉渣温度对煅烧层厚度的影响

图 4.4 和图 4.5 所示为不同转速下，转炉渣温度对煅烧层厚度的影响。由图可知，转速为 0 r/min 和 150 r/min 时，煅烧层厚度随反应时间逐渐增加；反应时间一定时，煅烧层厚度随温度增加而增加。

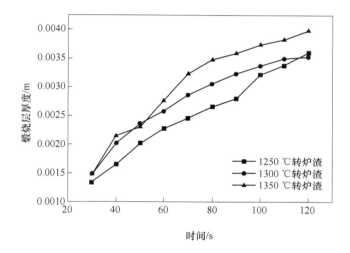

图 4.4 转速 0 r/min 时转炉渣温度对煅烧层厚度的影响

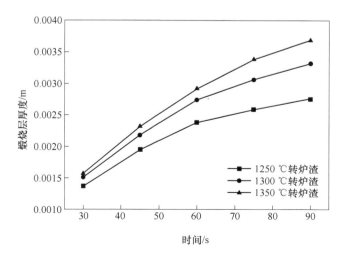

图 4.5 转速 150 r/min 时转炉渣温度对煅烧层厚度的影响

4.2.2.2　试样转速对煅烧层厚度的影响

图 4.6~图 4.8 分别是转炉渣温度为 1250 ℃、1300 ℃和 1350 ℃时，石灰石转速对石灰石煅烧层厚度的影响。由图可知，不同转速下石灰石在不同温度的熔渣中煅烧时，煅烧层厚度均随时间增加，且相同煅烧时间时，煅烧层厚度相当。

因此，综合考虑试样转速和转炉渣温度对煅烧层厚度的影响，可以认为转速对石灰石煅烧的影响很小，而转炉渣温度是影响石灰石煅烧的主要因素。

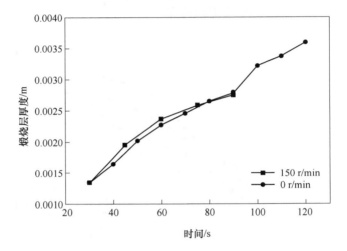

图 4.6　1250 ℃转炉渣中试样转速对煅烧层厚度的影响

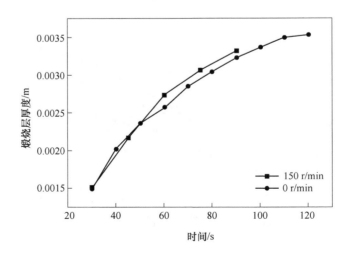

图 4.7　1300 ℃转炉渣中试样转速对煅烧层厚度的影响

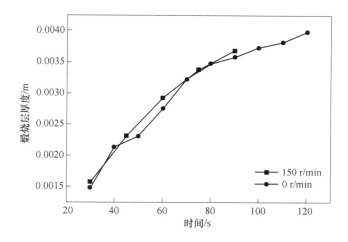

图 4.8 1350 ℃转炉渣中试样转速对煅烧层厚度的影响

4.3 石灰石在铁水中的煅烧行为

前人对石灰石在铁水中的煅烧尚未开展相应研究，石灰石在铁水中的煅烧和化渣机理尚不明确，因此有必要研究石灰石在铁水中的煅烧行为。

4.3.1 实验方案设计

实验方案与 4.2.1 节所述类似，在此不再赘述。

4.3.2 石灰石在铁水中煅烧的结果及讨论

图 4.9 所示为转速 0 r/min 时，石灰石试样在 1300 ℃铁水中煅烧 30 s 后的横截面图。由图可知，石灰石在 1300 ℃铁水中煅烧 30 s 后，具有比较规整的横截面。图中白色圆环是煅烧生成的石灰，石灰层内部近似于圆形的黑色部分为未煅烧的石灰石层。分析煅烧形状原因在于，柱状石灰石试样在铁水中沿径向方向传热条件相同，其由外层向内层逐步煅烧，从而形成比较规整的同心圆形状[138]。

图 4.10 所示为转速 0 r/min 时，石灰石试样在 1300 ℃铁水中煅烧 30 s 后的纵截

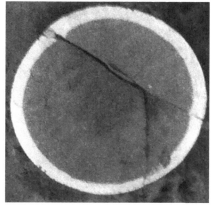

图 4.9 转速 0 r/min 时石灰石试样在 1300 ℃铁水中煅烧 30 s 后的横截面图

面图。由图可知，石灰石试样在1300℃铁水中煅烧30 s后，具有比较规整的纵截面。纵截面的外部形状类似于"U"形的白色部分是煅烧生成的石灰，内部黑色部分为未煅烧的石灰石。整个纵截面上，石灰石煅烧层厚度比较均匀，然而在纵截面下部两个边角位置，煅烧层呈现比较平缓的弧形。这是因为该区域石灰石同时承受来自纵向和径向上传热的影响，而对于试样上部石灰石，纵向上传热的影响逐渐减弱，径向上铁水的传热成为主要影响因素。

图4.10 转速0 r/min时石灰石试样在1300℃铁水中煅烧30 s后的纵截面图

4.3.2.1 铁水温度对煅烧层厚度的影响

图4.11和图4.12所示为不同转速时石灰石在铁水中煅烧后煅烧层厚度随时间的变化。由图可知，转速为0 r/min和150 r/min时，煅烧层厚度随反应时间逐渐增加；反应时间一定时，煅烧层厚度随温度增加而增加。

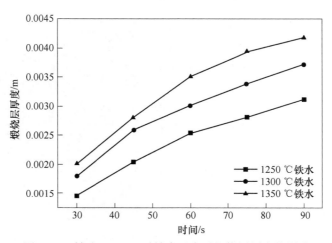

图4.11 转速0 r/min时铁水温度对煅烧层厚度的影响

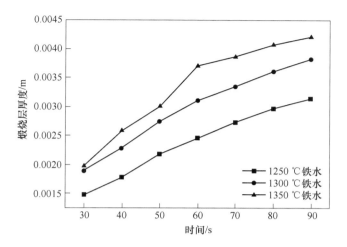

图 4.12 转速 150 r/min 时铁水温度对煅烧层厚度的影响

4.3.2.2 试样转速对煅烧层厚度的影响

图 4.13~图 4.15 所示分别为不同温度下，石灰石转速对煅烧层厚度的影响。由图可知，不同转速下石灰石在不同温度的铁水中煅烧时，煅烧层厚度均随时间增加，且相同煅烧时间时，煅烧层厚度相当。

因此，综合考虑试样转速和铁水温度对煅烧层厚度的影响，可以认为转速对石灰石煅烧的影响很小，而铁水温度是影响石灰石煅烧的主要因素。

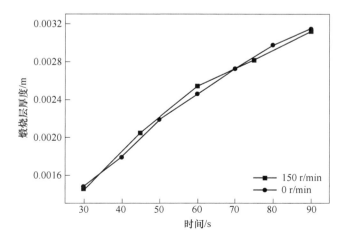

图 4.13 1250 ℃铁水中试样转速对煅烧层厚度的影响

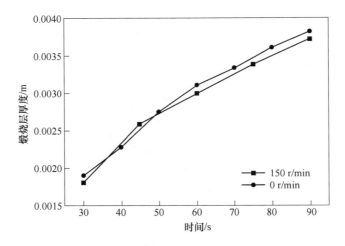

图 4.14   1300 ℃铁水中试样转速对煅烧层厚度的影响

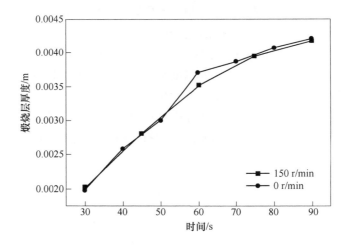

图 4.15   1350 ℃铁水中试样转速对煅烧层厚度的影响

4.3.2.3   石灰石在铁水中溶解机理分析

前人对石灰在转炉渣中的溶解机理进行了非常充分的研究,认为石灰在转炉渣中溶解的限制环节是石灰溶解时,其表面生成的坚硬且致密的硅酸二钙层。石灰石作为造渣剂加入转炉铁水中时,可以完成煅烧,煅烧产生的石灰具有较高活性,可以快速参与造渣,不会出现常规加入石灰时在石灰表面形成的冷凝结壳。石灰石煅烧产生的二氧化碳可以对熔池进行微观搅拌,改善熔池反应动力学条件,有利于脱磷。同时,二氧化碳作为弱氧化剂可以与熔池中的 [C]、[Si]、[Mn]、[Fe] 反应,有利于熔池快速造渣。

对石灰石在铁水中煅烧后产物进行 SEM-EDS 分析,研究其微观形貌。图

4.16 所示为转速 0 r/min 时，石灰石在 1300 ℃铁水中煅烧 30 s 后的微观形貌。由图可知，石灰石在铁水中煅烧后，在煅烧样本横截面左侧存在比较明显的具有金属光泽的亮面，而且结构致密。图片右侧相对发暗的区域为石灰层，其具有明显的孔隙。为了进一步研究图 4.16 中具有金属光泽的亮面，采用 EDS 对其进行分析，结果如图 4.17 所示。可以看到，煅烧层最外侧的具有金属光泽的亮面存在大量的铁元素。因此可以认为，铁水通过煅烧生成的石灰的孔隙逐步向内渗入。

图 4.16　转速 0 r/min 时石灰石在 1300 ℃铁水中煅烧 30 s 后的形貌

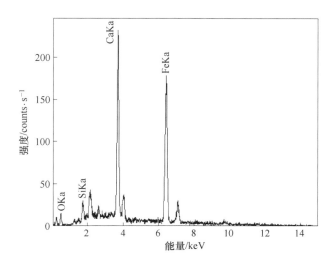

图 4.17　转速 0 r/min 时石灰石在 1300 ℃铁水中煅烧 30 s 后的 EDS 结果

图 4.18 所示为转速 0 r/min 时，石灰石在 1300 ℃铁水中煅烧 120 s 后的形

貌，图中石灰石煅烧层包含两个区域。通过检测可知，左侧颜色较亮区域存在铁元素，定义该区域为反应区；右侧较暗区域主要成分为氧化钙，定义为石灰层。对转速 0 r/min 时，在 1300 ℃ 铁水中煅烧 120 s 后的石灰石样本进一步进行线扫面和面扫描，结果如图 4.19 和图 4.20 所示。

图 4.18　转速 0 r/min 时石灰石在 1300 ℃ 铁水中煅烧 120 s 后的形貌

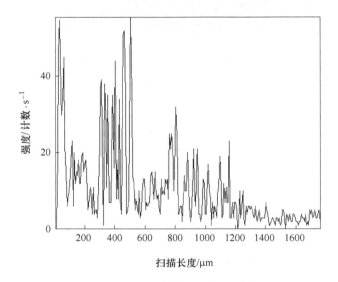

图 4.19　转速 0 r/min 时石灰石在 1300 ℃ 铁水中煅烧 120 s 后的线扫描

由图 4.19 可知，石灰石煅烧产生石灰层的外侧由外向内均存在铁元素，在大约 400 μm 处，铁含量出现峰值，在大约 1200 μm 处存在一个最小峰值，之后基本保持稳定。因此可以认为，铁元素从外到内大致扩散了 1200 μm 的距离。为进一步确定这一变化，对该区域进行面扫描，结果如图 4.20 所示。由图可知，铁元素含量由外到内逐渐减少，在 1200 μm 处铁含量明显降低，因此可以认为铁元素渗透到了石灰层 1200 μm 处。

石灰化渣时，在石灰表面容易形成致密且坚硬的硅酸二钙，从而阻止石灰的进一步溶解。氧化亚铁的存在可以促使硅酸二钙溶解，所以本实验煅烧层最外侧含有大量铁元素的金属亮面对石灰的溶解有利。因此可以进一步认为，石灰石代替石灰进行造渣炼钢时，不仅能够在铁水中完成煅烧，而且可以与熔池中的部分易氧化的元素反应，生成的氧化亚铁等物质有利于煅烧产生石灰的化渣。

图 4.20 转速 0 r/min 时石灰石在 1300 ℃铁水中煅烧 120 s 后的面扫描

4.4 本章小结

针对柱状石灰石试样，采用管式高温炉分别模拟了不同条件下石灰石在转炉渣和铁水中的煅烧行为，得到如下结论：

（1）石灰石在转炉渣中煅烧时，煅烧层厚度随时间逐渐增加，温度是影响石灰石煅烧的主要因素，温度越高煅烧越快，转速对石灰石煅烧基本无影响。

（2）石灰石在铁水中煅烧时，煅烧层厚度随时间逐渐增加，温度是影响石灰石煅烧的主要因素，转速对石灰石煅烧基本无影响。

（3）石灰石在铁水中煅烧时，煅烧后的试样横截面存在三个区域，分别是有铁元素渗入的反应区、煅烧生成的生石灰区和未反应的石灰石区。石灰石煅烧产生的 CO_2 可以氧化 [Fe]，生成的 (FeO) 可以沿着煅烧生成的石灰的孔隙渗入石灰内部，从而有利于化渣。

5 石灰石在转炉渣和铁水中的分解动力学

第4章研究了石灰石在转炉渣和铁水中的煅烧行为，考察了温度和转速对石灰石分解的影响，确定温度是影响石灰石分解的主要因素。本章旨在建立柱状石灰石试样分解的宏观动力学模型，并利用高温实验测定的数据确定相关模型参数。在其基础上，预测球形石灰石颗粒在转炉渣和铁水中的分解过程，为实际操作提供理论指导。

5.1 柱状试样分解动力学模型

前人针对石灰石在空气中的煅烧建立了许多模型，包括未反应核模型、修正收缩核模型和随机核模型[13]。然而，这些模型都是用于球形石灰石颗粒煅烧的预测和研究，目前尚缺乏针对柱状试样的动力学方程，因此本节尝试在球形颗粒未反应核模型的基础上推导柱状试样的动力学方程。

5.1.1 浓度差驱动下的内扩散控制模型

图 5.1 所示为未反应核模型示意图。

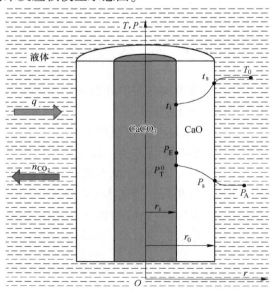

图 5.1 未反应核模型示意图

如图 5.1 所示，若忽略传热的影响，石灰石分解反应 $CaCO_3(s) \rightleftharpoons CO_2(g) + CaO(s)$ 主要涉及在反应界面上的化学反应、产物 CaO 层中 CO_2 气体的（内）迁移以及 CO_2 气体穿过 CaO 层后向气相本体的（外）扩散三个步骤[139]。为建立数学模型，进行以下假设：

（1）反应界面与试样表面压强相等。

（2）化学反应只在反应界面上进行，反应界面随着反应进程由外层逐步向核心收缩。试样中心为未反应核，其外围被产物层包覆。

（3）反应界面的移动速度远小于反应生成气体的迁移速度，即 CO_2 在试样内无积累。

（4）在分解过程中，石灰石的形状和体积无变化。

（5）石灰石分解为一级可逆反应，在柱状试样内仅有一个 $CaO/CaCO_3$ 界面。

5.1.1.1　反应界面上 $CaCO_3$ 的分解反应

对一级可逆反应来说，界面化学反应速率为

$$R_i = k_r a_{r_i} \left(1 + \frac{1}{K} \right) \left(C_{CO_2}^i - C_{CO_2}^* \right) \tag{5.1}$$

式中，k_r 为界面反应速率常数，m/s；a_{r_i} 为半径 r_i 的无限长圆柱体比表面积，m^{-1}；r_i 为未反应核半径，m；K 为反应平衡常数；$C_{CO_2}^i$ 为任意时刻反应界面上气体产物浓度，mol/m^3；$C_{CO_2}^*$ 为平衡状态下 CO_2 气体浓度，mol/m^3。

对于圆柱体试样，式中 $a_{r_i} = \dfrac{2r_i}{r_0^2}$，则

$$R_i = k_r \frac{2r_i}{r_0^2} \left(1 + \frac{1}{K} \right) \left(C_{CO_2}^i - C_{CO_2}^* \right) \tag{5.2}$$

式中，r_0 为石灰石柱体初始半径，m。

5.1.1.2　产物 CaO 层内 CO_2 气体的扩散

由浓度梯度引起的 CO_2 气体扩散速率可根据菲克定律给出，即

$$R_{CO_2 1} = - D_{eff} a_{r_0} \frac{dC_{CO_2}}{dr} \tag{5.3}$$

式中，$R_{CO_2 1}$ 为 CO_2 气体在产物层内的扩散速率，$mol/(m^2 \cdot s)$；D_{eff} 为有效扩散系数，m^2/s；a_{r_0} 为半径 r_0 的无限长圆柱体比表面积，m^{-1}；C_{CO_2} 为 CaO 产物层内任意时刻反应界面上气体产物浓度，mol/m^3。

对于圆柱体试样，同样有

$$R_{CO_2 1} = - D_{eff} \frac{2r}{r_0^2} \frac{dC_{CO_2}}{dr} \tag{5.4}$$

假设该过程为拟稳态，在任意短时间内，假定 $R_{CO_2 1}$ 为定值，对上式由 $r =$

$r_0 \sim r_i$，$C_{CO_2} = C_{CO_2}^s \sim C_{CO_2}^i$ 进行积分，可得

$$\int_{C_{CO_2}^s}^{C_{CO_2}^i} dC_{CO_2} = -\frac{r_0^2 R_{CO_2 1}}{D_{eff}} \int_{r_0}^{r_i} \frac{dr}{2r} \tag{5.5}$$

$$R_{CO_2 1} = -D_{eff} \frac{2}{r_0^2} \frac{1}{\ln r_0 - \ln r_i}(C_{CO_2}^s - C_{CO_2}^i) \tag{5.6}$$

式中，$C_{CO_2}^s$ 为任意时刻未反应界面上气体产物浓度，mol/m^3。

5.1.1.3 CO_2 气体向气相本体的外扩散

CO_2 气体穿过 CaO 层后向气相本体的外扩散速率为

$$R_{CO_2 2} = k_g \frac{2\pi r_0 h}{\pi r_0^2 h}(C_{CO_2}^s - C_{CO_2}^0) \tag{5.7}$$

式中，$R_{CO_2 2}$ 为 CO_2 气体在气相边界层内的扩散速率，$mol/(m^2 \cdot s)$；k_g 为边界层内的气相传质系数，m/s；h 为圆柱体高度，m。

将上式化简得

$$R_{CO_2 2} = k_g \frac{2}{r_0}(C_{CO_2}^s - C_{CO_2}^0) \tag{5.8}$$

设 R 为综合反应速率，按照拟稳态的假定，有 $R_i = R_{CO_2 1} = R_{CO_2 2} \equiv R$，又根据式（5.2）、式（5.6）及式（5.8），得到

$$R = \frac{2(C_{CO_2}^* - C_{CO_2}^0)}{\dfrac{r_0^2}{r_i k_r \left(1 + \dfrac{1}{K}\right)} + \dfrac{r_0^2(\ln r_0 - \ln r_i)}{D_{eff}} + \dfrac{r_0}{k_g}} \tag{5.9}$$

又由反应过程物质量守恒可得

$$R = -\frac{1}{\pi r_0^2 h}\frac{dn_{CO_2}}{dt} = -\frac{1}{\pi r_0^2 h}\frac{dn_{CaCO_3}}{dt} = -\frac{\rho_{CaCO_3}}{\pi r_0^2 h}\frac{d}{dt}\pi r_i^2 h = -\frac{2\rho_{CaCO_3} r_i}{r_0^2}\frac{dr_i}{dt} \tag{5.10}$$

式中，n_{CO_2} 为 CO_2 气体在柱体表面的物质的量，mol；n_{CaCO_3} 为 $CaCO_3$ 在柱体表面的物质的量，mol；t 为反应时间，s；ρ_{CaCO_3} 为石灰石摩尔密度，mol/m^3。

由式（5.9）、式（5.10）得到

$$-\frac{dr_i}{dt} = \frac{(C_{CO_2}^* - C_{CO_2}^0)/\rho_{CaCO_3}}{\dfrac{1}{k_r\left(1 + \dfrac{1}{K}\right)} + \dfrac{r_i(\ln r_0 - \ln r_i)}{D_{eff}} + \dfrac{r_i}{k_g r_0}} \tag{5.11}$$

式中，$C_{CO_2}^0$ 为 CO_2 气体在主流中的浓度，mol/m^3。

在 $C_{CO_2}^0 - C_{CO_2}^*$ 为常数的条件下，将上式由 $t = 0 \sim \theta$，$r = r_0 \sim r_i$ 积分，有

$$\theta = \frac{\rho_{CaCO_3} r_0}{C_{CO_2}^* - C_{CO_2}^0} \left\{ \frac{1}{2k_g} \left[1 - \left(\frac{r_i}{r_0} \right)^2 \right] + \frac{r_0}{4D_{eff}} \left[1 - \left(\frac{r_i}{r_0} \right)^2 + 2 \left(\frac{r_i}{r_0} \right)^2 \ln \frac{r_i}{r_0} \right] + \right.$$

$$\left. \frac{1}{k_r \left(1 + \frac{1}{K} \right)} \left(1 - \frac{r_i}{r_0} \right) \right\} \tag{5.12}$$

假定反应终了时间为 θ_c，此时 $r_i = 0$，则有

$$\theta_c = \frac{\rho_{CaCO_3} r_0}{C_{CO_2}^* - C_{CO_2}^0} \left[\frac{1}{2k_g} + \frac{r_0}{4D_{eff}} + \frac{1}{k_r \left(1 + \frac{1}{K} \right)} \right] \tag{5.13}$$

式中，θ_c 为反应终了时间，s；θ 为反应时间，s。

联立式（5.12）及式（5.13），得到无量纲转化时间

$$\tau = \frac{\theta}{\theta_c} = \left\{ \eta_1 \left[1 - \left(\frac{r_i}{r_0} \right)^2 \right] + \eta_2 \left[1 - \left(\frac{r_i}{r_0} \right)^2 + 2 \left(\frac{r_i}{r_0} \right)^2 \ln \frac{r_i}{r_0} \right] + \eta_3 \left(1 - \frac{r_i}{r_0} \right) \right\}$$
$$\tag{5.14}$$

将颗粒转化率 $f = 1 - \left(\frac{r_i}{r_0} \right)^2$ 代入式（5.14），得到

$$\tau = \frac{\theta}{\theta_c} = \eta_1 f + \eta_2 [f + (1 - f) \ln(1 - f)] + \eta_3 [1 - (1 - f)^{1/2}] \tag{5.15}$$

式中，

$$\begin{cases} \eta_1 = \dfrac{1}{2k_g \Lambda} \\[3mm] \eta_2 = \dfrac{r_0}{4D_{eff} \Lambda} \\[3mm] \eta_3 = \dfrac{1}{k_r \left(1 + \dfrac{1}{K} \right) \Lambda} \end{cases} \tag{5.16}$$

$$\Lambda = \frac{1}{2k_g} + \frac{r_0}{4D_{eff}} + \frac{1}{k_r \left(1 + \frac{1}{K} \right)} \tag{5.17}$$

5.1.2 压差驱动下的流动控制模型

石灰石在熔渣和铁水中分解时，因外部供热充足，试样温度急剧升高，并很快超过标准大气压下的平衡分解温度，反应界面产生大量 CO_2，使得试样内部压

强明显高于外部环境压强。此时，内部 CO_2 向外迁移的主要驱动力可能为压差驱动下的强制流动，可近似认为一定压差下 CO_2 气体通过固定床层宏观流动。为建立数学模型，进行以下假设：

（1）石灰石在转炉渣和铁水中分解时，传热不是限制环节；

（2）石灰石反应后产生的石灰层为非致密结构，填充外围环形的颗粒间存在空隙；

（3）CO_2 气体生成后仅受压差驱动，且通过石灰层任意径向截面的质量流量相等。

石灰石分解过程中 CO_2 的平衡分压根据下式计算[137]：

$$\lg \frac{P_{CO_2}}{P^{\ominus}} = 7.169 - 8427/T \tag{5.18}$$

式中，$P^{\ominus}$ 为标准大气压，1 atm；P_{CO_2} 为石灰石分解过程中 CO_2 的平衡分压，atm；T 为温度，K。

假设外部环境为一个大气压，由上式可知，当温度超过 1175 K（902 ℃）时，CO_2 分压将明显高于外部压强，使得 CO_2 在压差驱动下向外部流动。根据其流速的大小，分为以下两种情况讨论。

5.1.2.1　层流

压差驱动下，CO_2 向外流速较小时，其动量传输过程符合层流规则。此时，任意选取一产物层径向截面为对象进行分析，则截面上任意处气体流速可由厄根方程黏性项给出，具体为

$$\frac{\mathrm{d}P}{\mathrm{d}r} = -Av_A \tag{5.19}$$

式中，P 为产物层压强，Pa；r 为产物层半径，m；v_A 为通过水平固定床层的气体流速，m/s；$A = \dfrac{150\mu(1-\varepsilon)^2}{d_p^2 \varepsilon^3}$[141]，$\mu$ 为运动黏度系数，ε 为孔隙率；d_p 为颗粒直径。

将式（5.19）由 $P = P_s \sim P_T^0$，$r = r_0 \sim r_i$ 积分得到，

$$\Delta P = P_T^0 - P_s = \int_{r_0}^{r_i} -Av_A \mathrm{d}r \tag{5.20}$$

式中，P_T^0 为石灰石分解过程反应界面 CO_2 分压，atm；P_s 为石灰石试样外表面 CO_2 分压，atm。

任一产物层径向截面上 CO_2 质量流量为

$$m_{CO_2} = 2\pi r \cdot 1 \cdot v_A \cdot \rho'_{CO_2} \tag{5.21}$$

式中，m_{CO_2} 为 CO_2 的质量流量，kg/s；ρ'_{CO_2} 为 CO_2 的表观密度，kg/m³。

故

$$v_A = \frac{m_{CO_2}}{2\pi r \rho'_{CO_2}} \tag{5.22}$$

将式（5.22）代入式（5.20）中并积分可得

$$\Delta P = A \frac{m_{CO_2}}{2\pi \rho'_{CO_2}} \ln \frac{r_0}{r_i} \tag{5.23}$$

因本实验研究对象为柱状石灰石，选取一单位高度环形煅烧层进行分析，则有

$$m_{CaCO_3} = \frac{1 \cdot 2\pi r dr \cdot \rho'_{CaCO_3}}{dt} \tag{5.24}$$

式中，m_{CaCO_3} 为单位时间 $CaCO_3$ 分解的质量，kg/s；ρ'_{CaCO_3} 为石灰石表观密度，kg/m^3。

生成 CO_2 的质量流量 m_{CO_2} 为

$$m_{CO_2} = \frac{m_{CaCO_3}}{M_{CaCO_3}} M_{CO_2} \tag{5.25}$$

式中，M_{CaCO_3} 为 $CaCO_3$ 的相对分子质量，g/mol；M_{CO_2} 为 CO_2 的相对分子质量，g/mol。

联立式（5.23）~式（5.25）可得

$$\frac{dr}{dt} = \frac{M_{CaCO_3}}{M_{CO_2}} \frac{\rho'_{CO_2}}{\rho'_{CaCO_3}} \frac{\Delta P}{Ar(\ln r_0 - \ln r_i)} \tag{5.26}$$

将式（5.26）由 $t = 0 \sim \theta$，$r = r_0 \sim r_i$ 积分得到

$$\theta = \frac{-A}{\Delta P} \frac{M_{CO_2}}{M_{CaCO_3}} \frac{\rho'_{CaCO_3}}{\rho'_{CO_2}} \left(\frac{1}{2} r_i^2 \ln r_0 - \frac{1}{2} r_i^2 \ln r_i + \frac{1}{4} r_i^2 - \frac{1}{4} r_0^2 \right) \tag{5.27}$$

将颗粒转化率 $f = 1 - \left(\frac{r_i}{r_0} \right)^2$ 代入式（5.27）得

$$\theta = \frac{Ar_0^2}{4\Delta P} \frac{M_{CO_2}}{M_{CaCO_3}} \frac{\rho'_{CaCO_3}}{\rho'_{CO_2}} [(1-f)\ln(1-f) + f] \tag{5.28}$$

或

$$(1-f)\ln(1-f) + f = \frac{4\Delta P}{Ar_0^2} \frac{M_{CaCO_3}}{M_{CO_2}} \frac{\rho'_{CO_2}}{\rho'_{CaCO_3}} \theta \tag{5.29}$$

5.1.2.2 湍流

压差驱动下，CO_2 向外流速较大时，其动量传输过程不再符合层流规则，此

时以湍流规则对流动情况进行处理，则截面上任意处气体流速可由厄根方程惯性项给出，具体为

$$\frac{\mathrm{d}P}{\mathrm{d}r} = - B |v_A| v_A \qquad (5.30)$$

式中，$B = 1.75 \frac{1 - \varepsilon}{\varepsilon^3} \frac{\rho'_{CO_2}}{d_p}$ [137]。

将式（5.30）由 $P = P_s \sim P_T^0$，$r = r_0 \sim r_i$ 积分得到

$$\Delta P = P_T^0 - P_s = \int_{r_0}^{r_i} B v_A^2 \mathrm{d}r \qquad (5.31)$$

将式（5.22）代入式（5.31）得到

$$P_T^0 - P_s = \int_{r_0}^{r_i} B \left(\frac{m_{CO_2}}{2\pi r \rho'_{CO_2}} \right)^2 \mathrm{d}r \qquad (5.32)$$

将式（5.24）和式（5.25）代入式（5.32）并整理，得到

$$\frac{\mathrm{d}r}{\mathrm{d}t} = \frac{M_{CaCO_3}}{M_{CO_2}} \frac{\rho'_{CO_2}}{\rho'_{CaCO_3}} \sqrt{\frac{\Delta P}{B} \cdot \frac{1}{r^2 \left(\frac{1}{r} - \frac{1}{r_0} \right)}} \qquad (5.33)$$

将式（5.33）由 $t = 0 \sim \theta$，$r = r_0 \sim r_i$ 积分并整理，得到

$$\int_{r_0}^{r_i} \sqrt{r^2 \left(\frac{1}{r} - \frac{1}{r_0} \right)} \mathrm{d}r = \sqrt{\frac{\Delta P}{B}} \frac{M_{CaCO_3}}{M_{CO_2}} \frac{\rho'_{CO_2}}{\rho'_{CaCO_3}} \theta \qquad (5.34)$$

5.1.3 石灰石分解传热控制模型

石灰石分解为吸热反应，从外部供给柱状样本的热能可认为全部消耗于分解反应及产物层内 CO_2 气体的温升上，此时石灰石柱体径向上温度具有一定分布。

5.1.3.1 试样旋转状态下的传热模型

石灰石试样旋转时，其外部传热条件为强制对流给热，此时假定传热过程为拟稳态，则由流体向柱体表面的热通量为

$$q = - h_p \frac{2\pi r_0 L}{\pi r_0^2 L} (t_0 - t_s) = - \frac{2}{r_0} h_p (t_0 - t_s) \qquad (5.35)$$

式中，q 为热通量，W/m^2；h_p 为柱体与流体之间的对流给热系数，$W/(m^2 \cdot ℃)$；t_0 为流体温度，$℃$；t_s 为石灰石柱体表面温度，$℃$；L 为圆柱体长度，m。

产物层内导热引起的热通量为

$$q = -k_s a_{r_0} \frac{dT}{dr} = -\frac{2r}{r_0^2} k_s \frac{dT}{dr} \tag{5.36}$$

式中，k_s 为 CaO 相内的有效导热系数，W/(m·℃)；a_{r_0} 为半径 r_0 的无限长圆柱体比表面积，m^{-1}。

q 为一定值时，将式（5.36）由 $r = r_0 \sim r_i$，$T = t_s \sim t_i$ 积分，得到

$$q = -\frac{2k_s}{r_0^2(\ln r_0 - \ln r_i)}(t_s - t_i) \tag{5.37}$$

式中，t_i 为石灰石柱体反应界面温度，℃。

在反应界面上，反应热与生成气体的温度上升相关的热通量为

$$q = -[\Delta H + c_p(t_0 - t_i)]R_{CaCO_3} = -\frac{2\rho_{CaCO_3}r_i[\Delta H + c_p(t_0 - t_i)]}{r_0^2}\left(-\frac{dr_i}{dt}\right) \tag{5.38}$$

式中，R_{CaCO_3} 为 $CaCO_3$ 反应速率，mol/(m²·s)；ρ_{CaCO_3} 为石灰石摩尔密度，mol/m³；ΔH 为石灰石分解反应反应热，J/mol；c_p 为 CO_2 气体比热，J/(mol·℃)。

可以认为反应界面温度 t_i 就是固体的分解反应温度，且是不变的。所以令 $t_i = t_d$，可以由式（5.35）~式（5.38）导出综合反应速率

$$R_{CaCO_3} = \frac{2(t_0 - t_i)}{[\Delta H + c_p(t_0 - t_i)]\left[\dfrac{r_0}{h_p} + \dfrac{r_0^2(\ln r_0 - \ln r_i)}{k_s}\right]} \tag{5.39}$$

进而可得

$$-\frac{dr_i}{dt} = \frac{r_0(t_0 - t_d)}{\rho_{CaCO_3}r_i[\Delta H + c_p(t_0 - t_d)]\left[\dfrac{1}{h_p} + \dfrac{r_0(\ln r_0 - \ln r_i)}{k_s}\right]} \tag{5.40}$$

将式（5.40）由 $t = 0 \sim \theta$，$r = r_0 \sim r_i$ 积分，再应用 $f = 1 - \left(\dfrac{r_i}{r_0}\right)^2$ 整理，得到

$$\frac{(t_0 - t_d)\theta}{\rho_{CaCO_3}r_0[\Delta H + c_p(t_0 - t_d)]} = \frac{r_0}{4k_s}[(1 - f)\ln(1 - f) + f] + \frac{1}{2}\frac{1}{h_p}f \tag{5.41}$$

设反应终了时间为 θ_c，进一步整理可得

$$\tau = \frac{\theta}{\theta_c} = \eta_1'[(1 - f)\ln(1 - f) + f] + \eta_2'f \tag{5.42}$$

式中，$\eta'_1 = \dfrac{1}{1+N}$，$\eta'_2 = \dfrac{N}{1+N}$，$N = \dfrac{2k_s}{h_p r_0}$。

5.1.3.2 试样静止状态下的传热模型

石灰石试样无旋转时，其外部传热条件为导热，此时仍假定传热过程为拟稳定状态，则由流体向柱体表面的热通量为

$$q = -k'_s a_{r_0} \frac{t_0 - t_s}{r} = -\frac{2k'_s}{r_0^2}(t_0 - t_s) \tag{5.43}$$

式中，k'_s 为外部流体导热系数，$W/(m \cdot \text{℃})$。

产物层内导热引起的热通量为

$$q = -k_s a_{r_0} \frac{dT}{dr} = -\frac{2r}{r_0^2} k_s \frac{dT}{dr} \tag{5.44}$$

q 为一定值时，将上式由 $r = r_0 \sim r_i$，$T = t_s \sim t_i$ 进行积分。

$$q = -\frac{2k_s}{r_0^2 (\ln r_0 - \ln r_i)}(t_s - t_i) \tag{5.45}$$

在反应界面上，反应热与生成气体温度上升相关的热通量为

$$q = -\left[\Delta H + c_p(t_0 - t_i)\right] R_{CaCO_3} = -\frac{2\rho_{CaCO_3} r_i \left[\Delta H + c_p(t_0 - t_i)\right]}{r_0^2}\left(-\frac{dr_i}{dt}\right) \tag{5.46}$$

可以认为反应界面温度 t_i 就是固体的分解反应温度，且是不变的，所以令 $t_i = t_d$，可以由式（5.43）~式（5.46）导出综合反应速率，即

$$R_{CaCO_3} = \frac{2(t_0 - t_i)}{\left[\Delta H + c_p(t_0 - t_i)\right]\left[\dfrac{r_0^2}{k'_s} + \dfrac{r_0^2(\ln r_0 - \ln r_i)}{k_s}\right]} \tag{5.47}$$

进而得到

$$-\frac{dr_i}{dt} = \frac{t_0 - t_d}{\rho_{CaCO_3} r_i \left[\Delta H + c_p(t_0 - t_d)\right]\left(\dfrac{1}{k'_s} + \dfrac{\ln r_0 - \ln r_i}{k_s}\right)} \tag{5.48}$$

将式（5.48）由 $t = 0 \sim \theta$，$r = r_0 \sim r_i$ 进行积分，再应用 $f = 1 - \left(\dfrac{r_i}{r_0}\right)^2$ 整理，可得

$$\frac{(t_0 - t_d)\theta}{\rho_{CaCO_3} r_0^2 [\Delta H + c_p(t_0 - t_d)]} = \frac{1}{4k_s}[(1-f)\ln(1-f) + f] + \frac{1}{2k'_s}f \quad (5.49)$$

设反应终了时间为 θ_c ，进一步整理可得

$$\tau = \frac{\theta}{\theta_c} = \eta'_1[(1-f)\ln(1-f) + f] + \eta'_2 f \quad (5.50)$$

式中，$\eta'_1 = \dfrac{1}{1+N}$，$\eta'_2 = \dfrac{N}{1+N}$，$N = \dfrac{2k_s}{k'_s}$。

5.1.4 限制环节分析

根据第 4 章高温实验结果可知，转速对转化率影响很小，说明试样外部边界层（包括速度和温度边界层）厚度很薄，可以忽略。因此 CO_2 外扩散、外部对流传热和外部导热都能排除。下面仅针对石灰石分解过程中可能存在的界面化学反应控制、传质控制（浓度差驱动下内扩散控制、内扩散和界面化学反应混合控制以及压差驱动下 CO_2 流动控制）、传热控制（产物层传导传热控制）进行讨论。

5.1.4.1 界面化学反应控制

当界面化学反应为限制环节时，式（5.15）所对应分配比例 η_1 与 η_2 接近于 0，η_3 趋近于 1，此时生成的 CO_2 气体穿过产物层扩散阻力小，与界面化学反应阻力相比可以忽略。此时式（5.14）简化为

$$\tau = \frac{\theta}{\theta_c} = 1 - (1-f)^{1/2} \quad (5.51)$$

式中，τ 为无因次时间，s。

式（5.13）变为

$$\theta_c = \frac{\rho_{CaCO_3} r_0}{C^*_{CO_2} - C^0_{CO_2}} \frac{1}{k_r\left(1 + \dfrac{1}{K}\right)} \quad (5.52)$$

联立式（5.51）和式（5.52）进一步得到

$$\theta = \frac{\rho_{CaCO_3} r_0}{C^*_{CO_2} - C^0_{CO_2}} \frac{1}{k_r\left(1 + \dfrac{1}{K}\right)}[1 - (1-f)^{1/2}] \quad (5.53)$$

或

$$1 - (1-f)^{1/2} = k_r\left(1 + \frac{1}{K}\right)\frac{C^*_{CO_2} - C^0_{CO_2}}{\rho_{CaCO_3} r_0}\theta \quad (5.54)$$

通过处理相关高温实验数据，用 $1 - (1-f)^{1/2}$ 对时间 θ 作图。若数据拟合后

的曲线为直线则可判断石灰石分解过程为界面化学反应控制,通过直线斜率可求得分解反应速率常数 k_r。

5.1.4.2 浓度差驱动下的内扩散控制

当内扩散为限制环节时,式 (5.15) 所对应的分配比例 η_1 和 η_3 接近于 0,η_2 无限趋近于 1,式 (5.14) 简化为

$$\tau = \frac{\theta}{\theta_c} = f + (1-f)\ln(1-f) \tag{5.55}$$

式 (5.13) 变为

$$\theta_c = \frac{\rho_{CaCO_3} r_0}{C_{CO_2}^* - C_{CO_2}^0} \frac{r_0}{4D_{eff}} \tag{5.56}$$

联立 (5.55) 和式 (5.56) 进一步得到

$$\theta = \frac{\rho_{CaCO_3} r_0}{C_{CO_2}^* - C_{CO_2}^0} \frac{r_0}{4D_{eff}} [f + (1-f)\ln(1-f)] \tag{5.57}$$

或

$$f + (1-f)\ln(1-f) = \frac{4D_{eff}}{r_0^2} \frac{C_{CO_2}^* - C_{CO_2}^0}{\rho_{CaCO_3}} \theta \tag{5.58}$$

通过处理相关高温实验数据,用 $f + (1-f)\ln(1-f)$ 对时间 θ 作图,若数据拟合后曲线呈直线则可判断石灰石分解过程受 CO_2 在多孔产物层内的扩散控制,并可借助直线斜率求得有效扩散系数 D_{eff}。

5.1.4.3 浓度差驱动下的内扩散和界面化学反应混合控制

排除其他阻力项,若浓度差驱动下内扩散和界面化学反应阻力相当,则分解过程由两者混合控制,分解过程总速率方程变为

$$\tau = \frac{\theta}{\theta_c} = \eta_2 [f + (1-f)\ln(1-f)] + \eta_3 [1 - (1-f)^{1/2}] \tag{5.59}$$

式中,

$$\begin{cases} \eta_2 = \dfrac{r_0}{4D_{eff}\Lambda} \\[3mm] \eta_3 = \dfrac{1}{k_r\left(1 + \dfrac{1}{K}\right)\Lambda} \end{cases} \tag{5.60}$$

$$\Lambda = \frac{r_0}{4D_{eff}} + \frac{1}{k_r\left(1 + \dfrac{1}{K}\right)} \tag{5.61}$$

式（5.11）变为

$$-\frac{\mathrm{d}r_\mathrm{i}}{\mathrm{d}t} = \frac{(C_{\mathrm{CO}_2}^* - C_{\mathrm{CO}_2}^0)/\rho_{\mathrm{CaCO}_3}}{\dfrac{1}{k_\mathrm{r}\left(1 + \dfrac{1}{K}\right)} + \dfrac{r_\mathrm{i}(\ln r_0 - \ln r_\mathrm{i})}{D_{\mathrm{eff}}}} \tag{5.62}$$

将式（5.62）由 $t = 0 \sim \theta$，$r = r_0 \sim r_\mathrm{i}$ 积分，再应用 $f = 1 - \left(\dfrac{r_\mathrm{i}}{r_0}\right)^2$ 整理，得到

$$\frac{\theta}{1 - (1 - f)^{1/2}} = \frac{r_0^2 \rho_{\mathrm{CaCO}_3}}{4D_{\mathrm{eff}}(C_{\mathrm{CO}_2}^* - C_{\mathrm{CO}_2}^0)} \frac{(1 - f)\ln(1 - f) + f}{1 - (1 - f)^{1/2}} + \frac{K}{k_\mathrm{r}(K + 1)} \frac{r_0 \rho_{\mathrm{CaCO}_3}}{C_{\mathrm{CO}_2}^* - C_{\mathrm{CO}_2}^0}$$

$$\tag{5.63}$$

整理式（5.63）得到

$$\frac{\theta}{1 - (1 - f)^{1/2}} = C \frac{(1 - f)\ln(1 - f) + f}{1 - (1 - f)^{1/2}} + D \tag{5.64}$$

式中，

$$\begin{cases} C = \dfrac{r_0^2 \rho_{\mathrm{CaCO}_3}}{4D_{\mathrm{eff}}(C_{\mathrm{CO}_2}^* - C_{\mathrm{CO}_2}^0)} \\[4mm] D = \dfrac{K}{k_\mathrm{r}(K + 1)} \dfrac{r_0 \rho_{\mathrm{CaCO}_3}}{C_{\mathrm{CO}_2}^* - C_{\mathrm{CO}_2}^0} \end{cases} \tag{5.65}$$

式（5.64）形如 $\theta F(f) = CG(f) + D$。通过处理相关高温实验数据，用 $\theta F(f)$ 对 $G(f)$ 作图，若拟合后的曲线呈直线表明分解过程为混合控制，由直线斜率和截距可分别求出有效扩散系数 D_{eff} 和反应速率常数 k_r。

5.1.4.4　压差驱动下的 CO_2 流动控制

当压差驱动下的 CO_2 流动为限制环节时，在层流条件时，$(1 - f)\ln(1 - f) + f$ 与时间 θ 之间的关系如式（5.29）所示。通过实验结果计算 $(1 - f)\ln(1 - f) + f$，并将其与时间 θ 做线性拟合，则可求得 A 值，假设 A 值中所包含参数 d_p、μ、ε 均为常数，则可以计算该温度下石灰石分解至任意半径处所需的时间。

同理，湍流条件下，通过实验结果计算 $\displaystyle\int_{r_0}^{r_\mathrm{i}} \sqrt{r^2\left(\frac{1}{r} - \frac{1}{r_0}\right)}\, \mathrm{d}r$，并将其与时间 θ 做线性拟合，则可求得 B 值，假设 B 值中所包含参数 ρ、d_p、ε 均为常数，则可以计算该温度下石灰石分解至任意半径处所需时间。

5.1.4.5　产物层传导传热控制

若传导传热为限制环节，式（5.50）所对应的分配比例 η'_2 接近于 0，η'_1 趋近于 1，可简化为

$$\tau = \frac{\theta}{\theta_c} = (1-f)\ln(1-f) + f \tag{5.66}$$

即

$$(1-f)\ln(1-f) + f = k_s \frac{4(t_0 - t_d)}{\rho_{CaCO_3}r_0^2[\Delta H + c_p(t_0 - t_d)]}\theta \tag{5.67}$$

通过处理相关高温实验数据，用 $(1-f)\ln(1-f) + f$ 对时间 θ 作图，若拟合后曲线为直线则可判断石灰石分解过程为产物层传导传热控制，通过直线斜率可求得产物层的有效导热系数 k_s。

5.1.5　相关参数值选择

在确定限制环节进而计算相关动力学参数时所涉及的部分参数如下所述：

（1）石灰石密度。石灰石摩尔密度为 27150 mol/m^3，质量密度为 2715 kg/m^3。

（2）样品半径。实验用柱状样品平均半径为 0.007 m。

（3）气相本体 CO_2 浓度。根据 CO_2 在空气中的分压，由理想气体方程求得

$$PV = nRT \tag{5.68}$$

式中，T 为高温炉中恒温区温度，K。

（4）平衡常数。石灰石分解反应平衡常数根据下式计算[137]

$$\lg K = 7.169 - 8427/T \tag{5.69}$$

（5）石灰石分解反应热。石灰石分解反应热参照文献［137］，取 $\Delta H = 176000$ J/mol。

（6）CO_2 气体比热。CO_2 气体比热随温度变化而变化，采用《实用无机物热力学数据手册》[140] 中的数据。

（7）CO_2 气体动力学黏度。CO_2 气体动力学黏度采用《Matheson 气体数据手册》[142] 中的数据。

（8）产物层物性参数。石灰孔隙率取 0.5[2,147]。生成石灰层为类压实块料，其迷宫度介于 7.0~8.0，计算时取 7.0。

（9）CaO 导热系数。900 ℃ 以上时，纯晶体 CaO 的导热系数介于 7~8 W/(m·℃)[144]。

5.2 石灰石在转炉渣中分解的限制环节

第 4 章研究了石灰石在转炉渣和铁水中煅烧层厚度随温度和转速的变化，结果表明温度对煅烧层厚度影响显著，转速基本无影响，因此本节处理数据时仅针对静止条件下的实验数据。

5.2.1 石灰石在 1250 ℃转炉渣中分解的限制环节分析

柱状石灰石在 1250 ℃转炉渣中分解实验结果见表 5.1。基于 5.1 节柱状石灰石分解动力学模型，依据 5.1.4 节公式分析石灰石分解的限制环节并计算各相关动力学参数。

表 5.1　柱状石灰石在 1250 ℃转炉渣中分解实验结果

序号	时间/s	转速/r·min⁻¹	未反应占比/%	未反应半径/m
TZ-1-1	30	150	64.73	0.005632
TZ-1-2	45	150	52.08	0.005052
TZ-1-3	60	150	43.59	0.004622
TZ-1-4	75	150	39.74	0.004413
TZ-1-5	90	150	36.72	0.004242
T-1-1	30	0	65.33	0.005658
T-1-2	40	0	58.41	0.005350
T-1-3	50	0	50.58	0.004978
T-1-4	60	0	45.45	0.004719
T-1-5	70	0	42.06	0.004540
T-1-6	80	0	38.47	0.004342
T-1-7	90	0	36.12	0.004207
T-1-8	100	0	29.07	0.003774
T-1-9	110	0	26.75	0.003621
T-1-10	120	0	23.60	0.003401

5.2.1.1 界面化学反应控制

假设石灰石反应界面层温度为 1250 ℃，石灰石分解为界面化学反应控制时，得到图 5.2 所示图像，其中静止条件下反推反应速率常数 $k_r = 0.00251$ m/s。根据斐那司的研究[129]，石灰石的分解速度是一个以温度为变量的对数函数，具体如下式所示

$$\lg(R \times 360000) = 0.003145t - 3.3085 \tag{5.70}$$

式中，R 为石灰石分解速度，m/s；t 为温度，℃。

根据以上公式，计算得到 1250 ℃下的界面化学反应速率常数 $k_r = 1.17 \times 10^{-5}$ m/s，其明显小于实验值。实际体系下反应界面温度应小于环境温度 1250 ℃，相应化学反应速率常数将进一步减小，与实验所得差距更大。因此，界面化学反应并非限制环节。图 5.2 中拟合直线与实验曲线间的偏离亦说明了这一点。

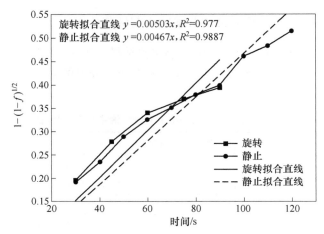

图 5.2　界面化学反应控制曲线图

5.2.1.2　浓度差驱动下的内扩散控制

假设石灰石反应界面温度为 1250 ℃，石灰石分解为浓度差驱动下内扩散控制时，得到图 5.3 所示图像，其中静止条件下反推有效扩散系数 $D_{实验} = 3.15 \times 10^{-6}$ m²/s。

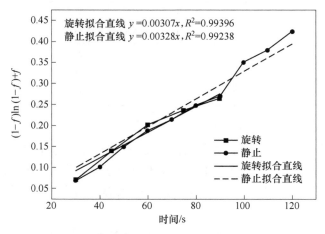

图 5.3　浓度差驱动下内扩散控制曲线图

根据气体分子扩散系数的半经验公式可以计算相应条件下二氧化碳的理论扩散系数[137,145-146]

$$D_{AB} = \frac{1 \times 10^{-7} T^{1.75} \left(\frac{1}{M_A} + \frac{1}{M_B} \right)^{1/2}}{p \left(V_A^{1/3} + V_B^{1/3} \right)^2} \tag{5.71}$$

式中，V_A、V_B 为气体扩散体积，其值见表 5.2；p 为混合气体的压力。

表 5.2　气体扩散体积

分子	H_2	O_2	N_2	CO	CO_2	H_2O	SO_2	Ar	He	NH_3	Cl_2
体积	7.07	16.6	17.9	10.9	26.9	12.7	41.1	16.1	2.88	14.9	37.7

代入相应参数求得 CO_2 自扩散系数 $D_{CO_2} = 5.10 \times 10^{-6}$ m²/s。

$$D_{理论} = D_{CO_2} \frac{\varepsilon}{\tau} \tag{5.72}$$

进一步根据式（5.72）求得其有效扩散系数 $D_{理论} = 3.6 \times 10^{-7}$ m²/s。实际体系中石灰石反应界面温度应低于环境温度，因此在不同界面温度下进行类似计算，结果见表 5.3。

表 5.3　不同界面温度下 CO_2 扩散系数

$T/℃$	902	1000	1100	1200	1250
$D_{CO_2}/10^{-5}$ m² · s⁻¹	14.094	4.548	1.711	0.741	0.510
$D_{理论}/10^{-5}$ m² · s⁻¹	1.007	0.325	0.122	0.053	0.036
$D_{实验}/10^{-5}$ m² · s⁻¹	10.592	3.218	1.144	0.470	0.315

由表 5.3 可知，假设浓度差驱动下内扩散为限制环节时，利用实验数据反推的 CO_2 扩散系数明显高于其理论值。在此情况下，必然存在一种有别于浓度差驱动的机制控制 CO_2 向外迁移。

5.2.1.3　浓度差驱动下的内扩散和界面化学反应混合控制

当内扩散阻力和界面化学反应阻力相当时，石灰石的分解是浓度差驱动下的内扩散和界面化学反应混合控制，图 5.4 所示为混合控制时的拟合曲线。由图可知，拟合获得直线与实验曲线偏离很大。同时，根据静止条件下拟合直线的斜率和截距所计算的 CO_2 有效扩散系数和反应速率常数与相应的理论值有很大差别。因此，石灰石在 1250 ℃转炉渣中的分解并非浓度差驱动下的内扩散和界面化学反应混合控制。

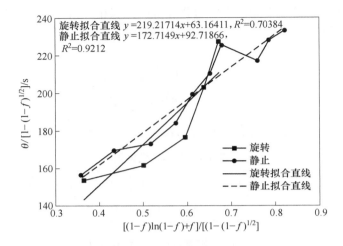

图 5.4　混合控制曲线图

5.2.1.4　产物层传导传热控制

对 1250 ℃转炉渣中的实验数据，假设反应界面温度为石灰石分解临界温度，石灰石分解为产物层传导传热控制时，得到图 5.5 所示图像。

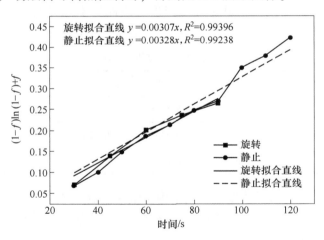

图 5.5　产物层传导传热控制曲线图

根据图 5.5 中静止条件下拟合直线的斜率得到实验条件下产物层导热系数 $k_s =$ 0.615 W/(m·℃)。按照 5.1.5 节参数分析，密实的纯晶体 CaO 导热系数为 7~8 W/(m·℃)，考虑到石灰产物层的孔隙度约为 0.5，取产物层的导热系数为 3.5 W/(m·℃)，由此计算得石灰石反应界面温度为 1194 ℃。由于产物层导热系数较小，其对传热的阻力便较大，同时考虑到图 5.5 中拟合直线与实验曲线偏离程度低，可确定石灰产物层导热为石灰石分解的限制环节之一。

5.2.1.5 压差驱动下的 CO_2 流动控制

以上计算得到石灰石反应界面温度为 1194 ℃，明显高于石灰石理论分解温度，从而导致反应界面上具有很大的 CO_2 分压，在其驱动下形成宏观流动。

A 层流

若反应界面温度为 1194 ℃，石灰石分解为压差驱动下的 CO_2 层流流动控制时，得到图 5.6 所示图像。根据静止条件下拟合直线的斜率得到 $A = 5.25 \times 10^{11}$，进一步求得 $d_p = 1.72 \times 10^{-7}$ m，并得到转化率与时间函数关系

$$(1 - f)\ln(1 - f) + f = \frac{1.61 \times 10^{-7}}{r_0^2}\theta \tag{5.73}$$

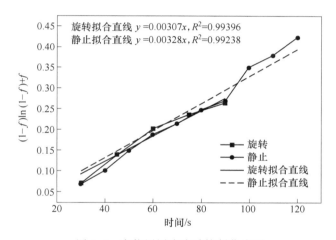

图 5.6　产物层层流流动控制曲线图

利用式（5.73）对石灰石在转炉渣中分解时间进行预测，可得其转化率与时间关系，如图 5.7 所示。由图可知，对于半径为 0.007 m 的柱状石灰石试样，其分解至 99% 所需时间为 288 s，这与实验所测结果（约 5 min）基本吻合。

B 湍流

若反应界面温度为 1194 ℃，石灰石分解为压差驱动下的 CO_2 湍流流动控制时，得到图 5.8 所示图像。根据静止条件下拟合直线的斜率得到 $B = 1.68 \times 10^{14}$，进一步求得 $d_p = 4.05 \times 10^{-13}$ m，此值甚至小于 CO_2 分子直径（约 3.3×10^{-10} m），故排除湍流流动为控制环节。

综上，石灰石分解过程的限制环节之一为产物层内 CO_2 的层流流动。当内部温度较低时，反应生成的 CO_2 气体在较小的压力下缓慢迁移，此时通过产物层向反应界面传递的热量不断积累，直到反应界面温度达到 1194 ℃。之后，随着反应的加速，石灰石内部形成较大压力并驱动 CO_2 快速向外迁移，石灰石分解速度

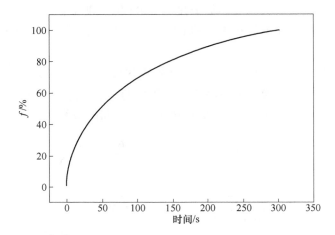

图 5.7 1250 ℃转炉渣中柱状石灰石转化率与时间关系预测图

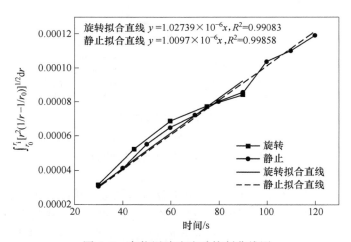

图 5.8 产物层湍流流动控制曲线图

将决定于 CO_2 向外迁移的速度。因此，认为实验条件下石灰石的分解是由产物层传热和 CO_2 层流流动混合控制的复杂过程。

5.2.2 石灰石在 1300 ℃转炉渣中分解的限制环节分析

柱状石灰石在 1300 ℃转炉渣中分解实验结果见表 5.4。基于 5.1 节柱状石灰石分解动力学模型，依据 5.1.4 节公式分析石灰石分解的限制环节并计算各相关动力学参数。

表 5.4 柱状石灰石在 1300 ℃转炉渣中分解实验结果

序 号	时间/s	转速/r·min⁻¹	未反应占比/%	未反应半径/m
TZ-1-1	30	150	61.51	0.005490
TZ-1-2	45	150	47.57	0.004828
TZ-1-3	60	150	37.06	0.004262
TZ-1-4	75	150	31.60	0.003935
TZ-1-5	90	150	27.64	0.003680
T-1-1	30	0	62.02	0.005513
T-1-2	40	0	50.54	0.004976
T-1-3	50	0	43.88	0.004637
T-1-4	60	0	39.89	0.004421
T-1-5	70	0	35.04	0.004144
T-1-6	80	0	31.86	0.003951
T-1-7	90	0	28.96	0.003767
T-1-8	100	0	26.88	0.003630
T-1-9	110	0	25.02	0.003501
T-1-10	120	0	24.51	0.003465

因界面化学反应控制情况基本与 1250 ℃转炉渣中分解类似，故在此仅对浓度差驱动下的内扩散过程、反应层导热过程及压差驱动下的 CO_2 流动过程进行分析。

5.2.2.1 浓度差驱动下的内扩散控制

假定石灰石反应界面温度为 1300 ℃，石灰石分解是浓度差驱动下内扩散控制时，得到图 5.9 所示图像。

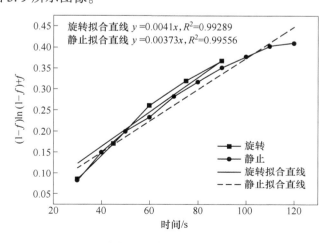

图 5.9 浓度差驱动下内扩散控制曲线图

根据图 5.9 中静止条件下拟合直线的斜率得到有效扩散系数 $D_{实验}$ = 2.47 × 10^{-6} m²/s。同时可根据气体分子扩散系数的半经验公式（5.71），求得 CO_2 理论有效扩散系数 $D_{理论}$ = 2.6×10^{-7} m²/s，可见实验中 CO_2 扩散速度明显高于浓度差驱动下的理论值。但若石灰石反应界面温度下降，CO_2 的理论自扩散系数将会增大，故从不同反应界面温度出发，再次做类似计算，分析过程在此不再赘述，仅将结果列于表 5.5 中。

表 5.5 不同界面温度下 CO_2 扩散系数

T/℃	902	1000	1100	1200	1250	1300
D_{CO_2} /10^{-5} m² · s^{-1}	14.094	4.548	1.711	0.741	0.510	0.360
$D_{理论}$ /10^{-5} m² · s^{-1}	1.007	0.325	0.122	0.053	0.036	0.026
$D_{实验}$ /10^{-5} m² · s^{-1}	12.046	3.659	1.300	0.534	0.359	0.247

由表 5.5 可知，实验条件下石灰石的有效扩散系数始终高于理论值，在此情况下必然存在另一种有别于浓度差驱动的机制驱动 CO_2 向外迁移。

5.2.2.2 产物层传导传热控制

在反应界面温度为石灰石分解临界温度时，石灰石分解是产物层传导传热控制时，得到图 5.10 所示图像。根据图 5.10 中静止条件下拟合直线的斜率得到实验条件下产物层导热系数 k_s = 0.621 W/(m · ℃)。密实的纯晶体 CaO 导热系数为 7~8 W/(m · ℃)，考虑到实验条件下石灰产物层的孔隙度约为 0.5，实验中产物层的导热系数取 3.5 W/(m · ℃)，由此计算得石灰石反应界面温度为 1236 ℃。由于产物层导热系数较小，其对传热的阻力便较大，同时考虑到图 5.10 中拟合直线与实验曲线偏离程度低，可确定石灰产物层导热为石灰石分解的限制环节之一。

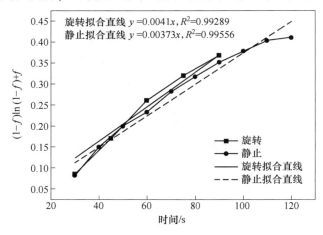

图 5.10 产物层传导传热控制曲线图

5.2.2.3 压差驱动下的 CO_2 流动控制

以上计算得到石灰石反应界面温度为 1236 ℃，明显高于石灰石理论分解温度，从而导致反应界面上具有很大的 CO_2 分压，在其驱动下形成宏观流动。

A 层流

若反应界面温度为 1236 ℃，石灰石分解为压差驱动下的 CO_2 层流流动控制时，得到图 5.11 所示图像。根据图 5.11 中静止条件下拟合直线的斜率得到 $A = 9.48 \times 10^{11}$，进一步求得 $d_p = 1.29 \times 10^{-7}$ m，此环节基本符合要求，故可用以预测石灰石分解行为，可得到反应率与时间函数如下

$$(1 - f)\ln(1 - f) + f = \frac{1.83 \times 10^{-7}}{r_0^2}\theta \tag{5.74}$$

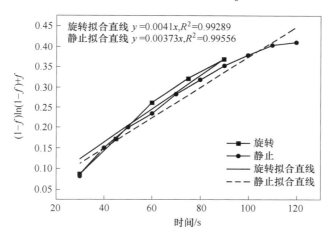

图 5.11 产物层层流流动控制曲线图

利用式 (5.74) 对石灰石在转炉渣中分解时间进行预测，可得其转化率与时间关系，如图 5.12 所示。由图可知，对于半径为 0.007 m 的柱状石灰石试样，其分解至 99% 所需时间为 253 s，这与实验所测结果（约 4 min）基本吻合。

B 湍流

若反应界面温度为 1236 ℃，石灰石分解为压差驱动下的 CO_2 湍流流动控制时，得到图 5.13 所示图像。根据静止条件下拟合直线的斜率得到 $B = 3.96 \times 10^{14}$，进一步求得 $d_p = 2.41 \times 10^{-13}$ m，此值甚至小于 CO_2 分子直径（约 3.3×10^{-10} m），故排除湍流流动为控制环节。

综上，石灰石分解过程的限制环节之一为产物层内 CO_2 的层流流动。当内部温度较低时，反应生成的 CO_2 气体在较小的压力下缓慢迁移，此时通过产物层向反应界面传递的热量不断积累，直到反应界面温度达到 1236 ℃。之后，随着反

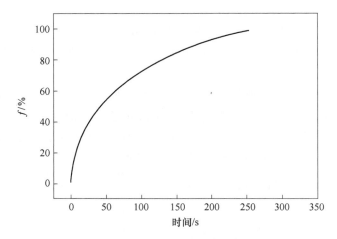

图 5.12　1300 ℃转炉渣中柱状石灰石转化率与时间关系预测图

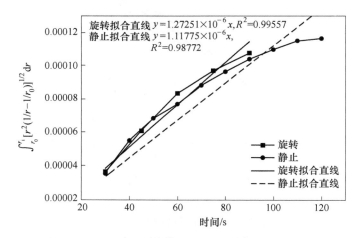

图 5.13　产物层湍流流动控制曲线图

应的加速，石灰石内部形成较大压力并驱动 CO_2 快速向外迁移，石灰石分解速度将决定于 CO_2 向外迁移的速度。因此，认为实验条件下石灰石的分解是由产物层传热和 CO_2 层流流动混合控制的复杂过程。

5.2.3　石灰石在 1350 ℃转炉渣中分解的限制环节分析

柱状石灰石在 1350 ℃转炉渣中分解实验结果见表 5.6。基于 5.1 节柱状石灰石分解动力学模型，依据 5.1.4 节公式分析石灰石分解的限制环节并计算各相关动力学参数。

表 5.6 柱状石灰石在 1350 ℃转炉渣中分解实验结果

序 号	时间/s	转速/r·min⁻¹	未反应占比/%	未反应半径/m
TZ-2-1	30	150	60.18	0.005430
TZ-2-2	45	150	44.80	0.004685
TZ-2-3	60	150	33.94	0.004078
TZ-2-4	75	150	26.69	0.003616
TZ-2-5	90	150	22.43	0.003315
T-2-1	30	0	62.15	0.005518
T-2-2	40	0	48.10	0.004855
T-2-3	50	0	44.81	0.004686
T-2-4	60	0	36.67	0.004239
T-2-5	70	0	28.97	0.003768
T-2-6	80	0	25.32	0.003522
T-2-7	90	0	23.73	0.003410
T-2-8	100	0	21.71	0.003262
T-2-9	110	0	20.53	0.003172
T-2-10	120	0	18.53	0.003013

界面化学反应控制情况基本与 1250 ℃转炉渣和 1300 ℃转炉渣类似，故在此仅对浓度差驱动下的内扩散过程、反应层导热过程及压差驱动下的 CO_2 流动过程进行分析。

5.2.3.1 浓度差驱动下的内扩散控制

假设石灰石反应界面温度与外部温度相等即 1350 ℃，石灰石分解是浓度差驱动下内扩散控制时，得到图 5.14 所示图像。

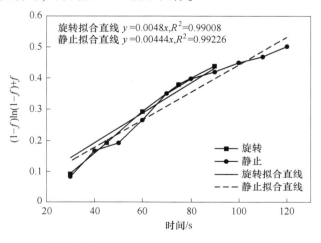

图 5.14 浓度差驱动下内扩散控制曲线图

根据图 5.14 中静止条件下拟合直线的斜率得到有效扩散系数 $D_{实验} = 2.07 \times 10^{-6}$ m²/s。同时可根据气体分子扩散系数的半经验公式（5.71），求得 CO_2 理论有效扩散系数 $D_{理论} = 1.9 \times 10^{-7}$ m²/s，可见实验中 CO_2 扩散速度明显高于浓度差驱动下的理论值。但若石灰石反应界面温度下降，CO_2 的理论自扩散系数将会增大，故从不同反应界面温度出发，再次做类似计算，分析过程在此不再赘述，仅将结果列于表 5.7 中。

表 5.7　不同界面温度下 CO_2 扩散系数

$T/℃$	902	1000	1100	1200	1250	1300	1350
$D_{CO_2}/10^{-5}$ m²·s⁻¹	14.094	4.548	1.711	0.741	0.510	0.360	0.260
$D_{理论}/10^{-5}$ m²·s⁻¹	1.007	0.325	0.122	0.053	0.036	0.026	0.019
$D_{实验}/10^{-5}$ m²·s⁻¹	14.339	4.356	1.548	0.636	0.427	0.294	0.207

由表 5.7 可知，实验条件下石灰石的有效扩散系数始终高于理论值，在此情况下必然存在另一种有别于浓度差驱动的机制驱动 CO_2 向外迁移。

5.2.3.2　产物层传导传热控制

在反应界面温度为石灰石分解临界温度时，石灰石分解是产物层传导传热控制时，得到图 5.15 所示图像。根据图 5.15 中静止条件下拟合直线的斜率得到实验条件下产物层导热系数 $k_s = 0.667$ W/(m·℃)。密实的纯晶体 CaO 导热系数为 7~8 W/(m·℃)，考虑到实验条件下石灰产物层的孔隙度约为 0.5，实验中产物层的导热系数取 3.5 W/(m·℃)，由此计算得石灰石反应界面温度为 1274 ℃。由于产物层导热系数较小，其对传热的阻力便较大，同时考虑到图 5.15 中拟合直线与实验曲线偏离程度低，可确定石灰产物层导热为石灰石分解的限制环节之一。

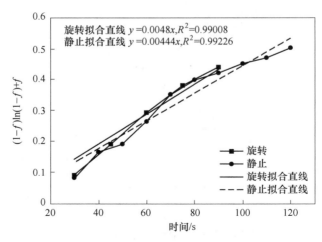

图 5.15　产物层传导传热控制曲线图

5.2.3.3 压差驱动的 CO_2 流动控制

以上计算得到石灰石反应界面温度为 1274 ℃，明显高于石灰石理论分解温度，从而导致反应界面上具有很大的 CO_2 分压，在其驱动下形成宏观流动。

A 层流

若反应界面温度为 1274 ℃，石灰石分解为压差驱动下的 CO_2 层流流动控制时，得到图 5.16 所示图像。根据静止条件下拟合直线的斜率得到 $A = 1.47 \times 10^{12}$，进一步求得 $d_p = 1.08 \times 10^{-7}$ m，并得到转化率与时间函数关系

$$(1 - f)\ln(1 - f) + f = \frac{2.18 \times 10^{-7}}{r_0^2}\theta \tag{5.75}$$

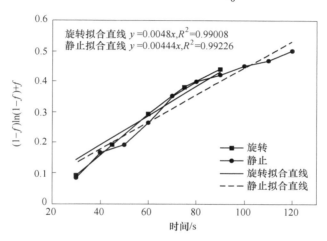

图 5.16 产物层层流流动控制曲线图

利用式（5.75）对石灰石在转炉渣中分解时间进行预测，可得其转化率与时间关系，如图 5.17 所示。由图可知，对于半径为 0.007 m 的柱状石灰石试样，其分解至 99% 所需时间为 213 s，这与实验所测结果（约 3.5 min）基本吻合。

B 湍流

若反应界面温度为 1274 ℃，石灰石分解为压差驱动下的 CO_2 湍流流动控制时，得到图 5.18 所示图像。根据静止条件下拟合直线的斜率得到 $B = 7.61 \times 10^{14}$，进一步求得 $d_p = 1.68 \times 10^{-13}$ m，此值甚至小于 CO_2 分子直径（约 3.3×10^{-10} m），故排除湍流流动为控制环节。

综上，石灰石分解过程的限制环节之一为产物层内 CO_2 的层流流动。当内部温度较低时，反应生成的 CO_2 气体在较小的压力下缓慢迁移，此时通过产物层向反应界面传递的热量不断积累，直到反应界面温度达到 1274 ℃。之后，随着反应的加速，石灰石内部形成较大压力并驱动 CO_2 快速向外迁移，石灰石分解速度

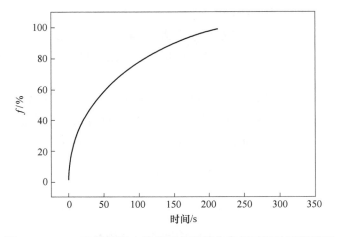

图 5.17 1350 ℃转炉渣中柱状石灰石转化率与时间关系预测图

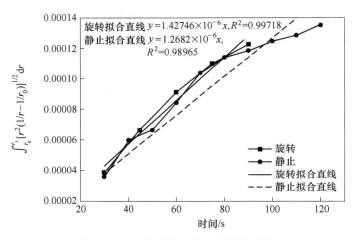

图 5.18 产物层湍流流动控制曲线图

将决定于 CO_2 向外迁移的速度。因此，认为实验条件下石灰石的分解是由产物层传热和 CO_2 层流流动混合控制的复杂过程。

5.3 石灰石在铁水中分解的限制环节

5.3.1 石灰石在 1250 ℃铁水中分解的限制环节分析

柱状石灰石在 1250 ℃铁水中分解实验结果见表5.8。基于5.1 节柱状石灰石分解动力学模型，依据5.1.4 节公式分析石灰石分解的限制环节并计算各相关动力学参数。

表5.8　柱状石灰石在1250℃铁水中分解实验结果

序　号	时间/s	转速/r·min⁻¹	未反应占比/%	未反应半径/m
TZ-4-1	30	150	62.73	0.005544
TZ-4-2	45	150	50.08	0.004954
TZ-4-3	60	150	40.59	0.004460
TZ-4-4	75	150	35.74	0.004185
TZ-4-5	90	150	30.72	0.003880
T-4-1	30	0	62.08	0.005516
T-4-2	40	0	55.35	0.005208
T-4-3	50	0	48.95	0.004898
T-4-4	60	0	42.01	0.004537
T-4-5	70	0	37.22	0.004270
T-4-6	80	0	33.03	0.004023
T-4-7	90	0	30.35	0.003857

5.3.1.1　界面化学反应控制

假设石灰石反应界面层温度为1250℃，石灰石分解为界面化学反应控制时，得到图5.19所示图像，其中静止条件下反推反应速率常数 $k_r = 0.00297$ m/s。根据斐那司的研究[129]，计算得到1250℃下的界面化学反应速率常数为 1.17×10^{-5} m/s，其明显小于实验值。实际体系下反应界面温度应小于环境温度1250℃，相应化学反应速率常数将进一步减小，与实验所得差距更大。因此，界面化学反应并非限制环节。图5.19中拟合直线与实验曲线间的偏离亦说明了这一点。

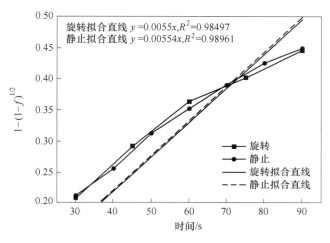

图5.19　界面化学反应控制曲线图

5.3.1.2　浓度差驱动下的内扩散控制

假设石灰石反应界面温度为 1250 ℃，石灰石分解为浓度差驱动下内扩散控制时，得到图 5.20 所示图像，其中静止条件下反推有效扩散系数 $D_{实验}=3.48\times10^{-6}\ m^2/s$。同时根据气体分子扩散系数的半经验公式（5.71），可求得理论有效扩散系数 $D_{理论}=3.6\times10^{-7}\ m^2/s$，可见实验中 CO_2 扩散速度明显高于浓度驱动下的理论值。但若石灰石反应界面温度下降，CO_2 的理论自扩散系数将会增大，故应从不同反应界面温度出发，再次做类似计算，分析过程在此不再赘述，仅将结果列于表 5.9。

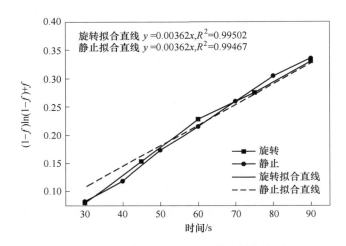

图 5.20　浓度差驱动下内扩散控制曲线图

表 5.9　不同界面温度下 CO_2 扩散系数

$T/℃$	902	1000	1100	1200	1250
$D_{CO_2}/\times10^{-5}m^2\cdot s^{-1}$	14.094	4.548	1.711	0.741	0.510
$D_{理论}/\times10^{-5}\ m^2\cdot s^{-1}$	1.007	0.325	0.122	0.053	0.036
$D_{实验}/\times10^{-5}\ m^2\cdot s^{-1}$	11.690	3.551	1.262	0.519	0.348

由表 5.9 可知，实验条件下石灰石的有效扩散系数明显高于理论值，在此情况下必然存在另一种有别于浓度差驱动的机制驱动 CO_2 向外迁移。

5.3.1.3　浓度差驱动下的内扩散和界面化学反应混合控制

当浓度差驱动下的内扩散阻力和界面化学反应阻力相当时，石灰石的分解是浓度差驱动下的内扩散和界面化学反应混合控制，图 5.21 所示为混合控制时的拟合曲线。

图 5.21 中拟合获得直线的拟合度比较低，而且根据静止条件下拟合的直线斜率和截距，可求得混合控制条件下的有效扩散系数 $D_{实验} = 6.35 \times 10^{-6}$ m²/s，反应速率常数 $k_r = 6.62 \times 10^{-3}$ m/s，这显然根据 5.3.1.1 节和 5.3.1.2 节的计算可以排除，因此石灰石在 1250 ℃铁水中的分解也不是浓度差驱动下的内扩散和界面化学反应混合控制。

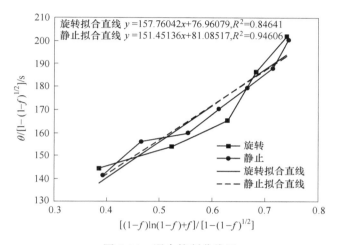

图 5.21 混合控制曲线图

5.3.1.4 产物层传导传热控制

反应界面温度为石灰石分解临界温度，石灰石分解反应是产物层传导传热控制时，得到图 5.22 所示图像。根据图 5.22 中静止条件下拟合直线的斜率得到实

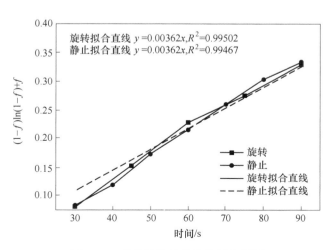

图 5.22 产物层传导传热控制曲线图

验条件下产物层导热系数$k_s = 0.679\ \mathrm{W/(m \cdot ℃)}$。按照 5.1.5 节参数分析，密实的纯晶体 CaO 导热系数为 $7 \sim 8\ \mathrm{W/(m \cdot ℃)}$，考虑到石灰产物层的孔隙度约为 0.5，取产物层的导热系数为 $3.5\ \mathrm{W/(m \cdot ℃)}$，由此计算得石灰石反应界面温度为 1188 ℃。由于产物层导热系数较小，其对传热的阻力便较大，同时考虑到图 5.22 中拟合直线与实验曲线偏离程度低，可确定石灰产物层导热为石灰石分解的限制环节之一。

5.3.1.5　压差驱动下的 CO_2 流动控制

以上计算得到石灰石反应界面温度为 1188 ℃，明显高于石灰石理论分解温度，从而导致反应界面上具有很大的 CO_2 分压，在其驱动下形成宏观流动。

A　层流

若反应界面温度为 1188 ℃，石灰石分解为压差驱动下的 CO_2 层流流动控制时，得到图 5.23 所示图像。根据静止条件下拟合直线的斜率得到 $A = 4.27 \times 10^{11}$，进一步求得 $d_p = 1.90 \times 10^{-7}\ \mathrm{m}$，并得到转化率与时间函数关系

$$(1 - f)\ln(1 - f) + f = \frac{1.77 \times 10^{-7}}{r_0^2}\theta \tag{5.76}$$

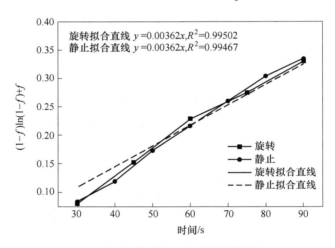

图 5.23　产物层层流流动控制曲线图

利用式（5.76）对石灰石在转炉渣中分解时间进行预测，可得其转化率与时间关系，如图 5.24 所示。可以看到，对于半径为 0.007 m 的柱状石灰石试样，其分解至 99% 所需时间为 261 s，这与实验所测结果（约 4 min）基本吻合。

B　湍流

若反应界面温度为 1188 ℃，石灰石分解为压差驱动下的 CO_2 湍流流动控制时，得到图 5.25 所示图像。根据静止条件下拟合直线的斜率得到 $B = 1.08 \times 10^{14}$，

进一步求得 $d_p = 5.99 \times 10^{-13}$ m，此值甚至小于 CO_2 分子直径（约 3.3×10^{-10} m），故排除湍流流动为控制环节。

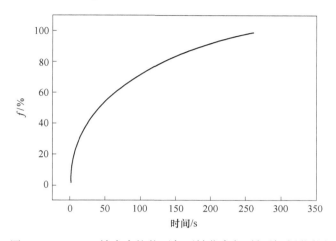

图 5.24　1250 ℃铁水中柱状石灰石转化率与时间关系预测图

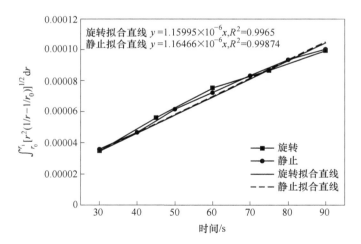

图 5.25　产物层湍流流动控制曲线图

综上，石灰石分解过程的限制环节之一为产物层内 CO_2 的层流流动。当内部温度较低时，反应生成的 CO_2 气体在较小的压力下缓慢迁移，此时通过产物层向反应界面传递的热量不断积累，直到反应界面温度达到 1188 ℃。之后，随着反应的加速，石灰石内部形成较大压力并驱动 CO_2 快速向外迁移，石灰石分解速度将决定于 CO_2 向外迁移的速度。因此，认为实验条件下石灰石的分解是由产物层传热和 CO_2 层流流动混合控制的复杂过程。

5.3.2 石灰石在 1300 ℃铁水中分解的限制环节分析

柱状石灰石在 1300 ℃铁水中分解实验结果见表 5.10。基于 5.1 节柱状石灰石分解动力学模型，依据 5.1.4 节公式分析石灰石分解的限制环节并计算各相关动力学参数。

表 5.10 柱状石灰石在 1300 ℃转炉渣中分解实验结果

序 号	时间/s	转速/r·min⁻¹	未反应占比/%	未反应半径/m
TZ-5-1	30	150	54.98	0.005190
TZ-5-2	45	150	39.71	0.004411
TZ-5-3	60	150	32.60	0.003997
TZ-5-4	75	150	26.68	0.003616
TZ-5-5	90	150	21.92	0.003277
T-5-1	30	0	53.08	0.005100
T-5-2	40	0	45.41	0.004717
T-5-3	50	0	36.84	0.004249
T-5-4	60	0	30.90	0.003891
T-5-5	70	0	27.22	0.003652
T-5-6	80	0	23.40	0.003387
T-5-7	90	0	20.57	0.003175

5.3.2.1 浓度差驱动下的内扩散控制

假设石灰石反应界面温度为 1300 ℃，石灰石分解为浓度差驱动下内扩散控制时，得到图 5.26 所示图像，其中由静止条件下反推有效扩散系数 $D_{实验} = 3.47 \times 10^{-6}\ \mathrm{m^2/s}$。同时根据气体分子扩散系数的半经验公式（5.71），可求得理论有效

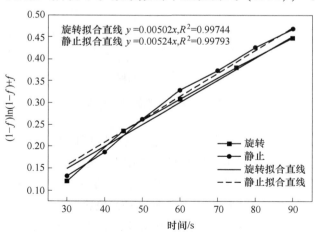

图 5.26 浓度差驱动下内扩散控制曲线图

扩散系数 $D_{理论} = 2.6 \times 10^{-7}$ m²/s，可见实验中 CO_2 扩散速度明显高于浓度驱动下的理论值。但若石灰石反应界面温度下降，CO_2 的理论自扩散系数将会增大，故应从不同反应界面温度出发，再次做类似计算，分析过程在此不再赘述，仅将结果列于表 5.11。

表 5.11 不同界面温度下 CO_2 扩散系数

$T/℃$	902	1000	1100	1200	1250	1300
$D_{CO_2}/10^{-5}$ m²·s⁻¹	14.094	4.548	1.711	0.741	0.510	0.360
$D_{理论}/10^{-5}$ m²·s⁻¹	1.007	0.325	0.122	0.053	0.036	0.026
$D_{实验}/10^{-5}$ m²·s⁻¹	16.922	5.141	1.827	0.751	0.504	0.347

由表 5.11 可知，实验条件下石灰石的有效扩散系数明显高于理论值，在此情况下必然存在另一种有别于浓度作用的机制驱动 CO_2 向外迁移。

5.3.2.2 产物层传导传热控制

假设反应界面温度为石灰石分解临界温度，石灰石分解是为产物层传导传热控制时，得到图 5.27 所示图像。

根据图 5.27 中静止条件下拟合直线的斜率得到实验条件下产物层导热系数 $k_s = 0.873$ W/(m·℃)。按照 5.1.5 节参数分析，密实的纯晶体 CaO 导热系数为 $7 \sim 8$ W/(m·℃)，考虑到石灰产物层的孔隙度约为 0.5，取产物层的导热系数为 3.5 W/(m·℃)，由此计算得石灰石反应界面温度为 1210 ℃。由于产物层导热系数较小，其对传热的阻力便较大，同时考虑到图 5.27 中拟合直线与实验曲线偏离程度低，可确定石灰产物层导热为石灰石分解的限制环节之一。

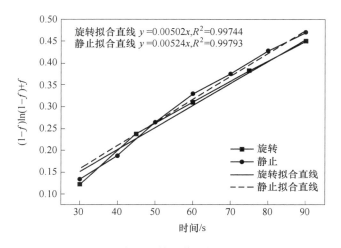

图 5.27 产物层传导传热控制曲线图

5.3.2.3　压差驱动下的 CO_2 流动控制

以上计算得到石灰石反应界面温度为 1210 ℃，明显高于石灰石理论分解温度，从而导致反应界面上具有很大的 CO_2 分压，在其驱动下形成宏观流动。

A　层流

若反应界面温度为 1210 ℃，石灰石分解为压差驱动下的 CO_2 层流流动控制时，得到图 5.28 所示图像。根据静止条件下拟合直线的斜率得到 $A = 4.35 \times 10^{11}$，进一步求得 $d_p = 1.90 \times 10^{-7}$ m，并得到转化率与时间函数关系

$$(1 - f)\ln(1 - f) + f = \frac{2.57 \times 10^{-7}}{r_0^2}\theta \tag{5.77}$$

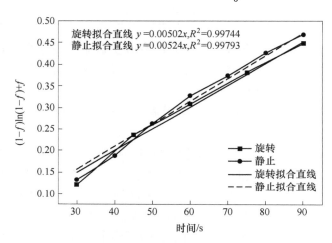

图 5.28　产物层层流流动控制曲线图

利用式（5.77）对石灰石在转炉渣中分解时间进行预测，可得其转化率与时间关系，如图 5.29 所示。可以看到，对于半径为 0.007 m 的柱状石灰石试样，其分解至 99% 所需时间为 180 s，这与实验所测结果（约 3 min）基本吻合。

B　湍流

若反应界面温度为 1210 ℃，石灰石分解为压差驱动下的 CO_2 湍流流动控制时，得到图 5.30 所示图像。根据静止条件下拟合直线的斜率得到 $B = 1.10 \times 10^{14}$，进一步求得 $d_p = 7.08 \times 10^{-13}$ m，此值甚至小于 CO_2 分子直径（约 3.3×10^{-10} m），故排除湍流流动为控制环节。

综上，石灰石分解过程的限制环节之一为产物层内 CO_2 的层流流动。当内部温度较低时，反应生成的 CO_2 气体在较小的压力下缓慢迁移，此时通过产物层向反应界面传递的热量不断积累，直到反应界面温度达到 1210 ℃。之后，随着反应的加速，石灰石内部形成较大压力并驱动 CO_2 快速向外迁移，石灰石分解速度

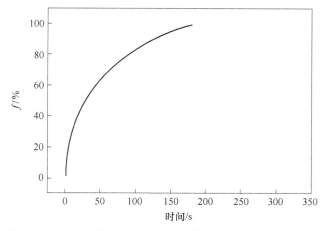

图 5.29　1300 ℃铁水中柱状石灰石转化率与时间关系预测图

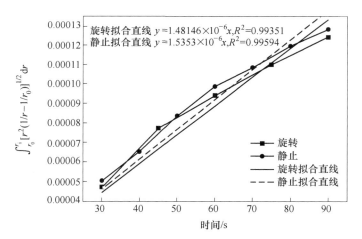

图 5.30　产物层湍流流动控制曲线图

将决定于 CO_2 向外迁移的速度。因此，认为实验条件下石灰石的分解是由产物层传热和 CO_2 层流流动混合控制的复杂过程。

5.3.3　石灰石在 1350 ℃铁水中分解的限制环节分析

柱状石灰石在 1350 ℃铁水中分解实验结果见表 5.12。基于 5.1 节柱状石灰石分解动力学模型，依据 5.1.4 节公式分析石灰石分解的限制环节并计算各相关动力学参数。

表5.12 柱状石灰石在1350℃铁水中分解实验结果

序 号	时间/s	转速/r·min⁻¹	未反应占比/%	未反应半径/m
TZ-1-1	30	150	50.72	0.004985
TZ-1-2	45	150	35.87	0.004192
TZ-1-3	60	150	24.75	0.003482
TZ-1-4	75	150	19.09	0.003058
TZ-1-5	90	150	16.14	0.002812
T-1-1	30	0	51.38	0.005018
T-1-2	40	0	39.75	0.004414
T-1-3	50	0	32.54	0.003993
T-1-4	60	0	22.08	0.003289
T-1-5	70	0	20.05	0.003134
T-1-6	80	0	17.44	0.002923
T-1-7	90	0	15.89	0.002790

因界面化学反应控制情况基本与1250℃铁水和1300℃铁水中类似，故在此仅对浓度差驱动下的内扩散过程、产物层导热过程及压差驱动下的CO_2流动过程进行分析。

5.3.3.1 浓度差驱动下的内扩散控制

假设石灰石反应界面温度为1350℃，石灰石分解为浓度差驱动下内扩散控制时，得到图5.31所示图像，其中静止条件下反推有效扩散系数 $D_{实验} = 3.01 \times 10^{-6}$ m²/s。同时根据气体分子扩散系数的半经验公式（5.71），可求得理论有效

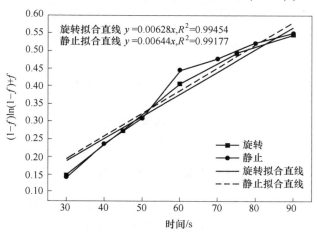

图5.31 浓度差驱动下内扩散控制曲线图

扩散系数 $D_{理论} = 1.9×10^{-7}$ m²/s，可见实验中 CO_2 扩散速度明显高于浓度驱动下的理论值。但若石灰石反应界面温度下降，CO_2 的理论自扩散系数将会增大，故应从不同反应界面温度出发，再次做类似计算，分析过程在此不再赘述，仅将结果列于表 5.13。

表 5.13　不同界面温度下 CO_2 扩散系数

$T/℃$	902	1000	1100	1200	1250	1300	1350
D_{CO_2} /10⁻⁵ m²·s⁻¹	14.094	4.548	1.711	0.741	0.510	0.360	0.260
$D_{理论}$ /10⁻⁵ m²·s⁻¹	1.007	0.325	0.122	0.053	0.036	0.026	0.019
$D_{实验}$ /10⁻⁵ m²·s⁻¹	20.797	6.318	2.245	0.923	0.619	0.427	0.301

从上表中亦可发现，实验条件下石灰石的有效扩散系数明显高于理论值，在此情况下必然存在另一种有别于浓度差驱动的机制驱动 CO_2 向外迁移。

5.3.3.2　产物层传导传热控制

假设反应界面温度为石灰石分解临界温度，石灰石分解为产物层传导传热控制时，得到图 5.32 所示图像。

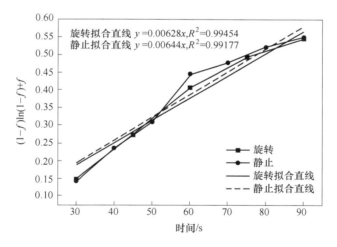

图 5.32　产物层传导传热控制曲线图

根据图 5.32 中静止条件下拟合直线的斜率得到实验条件下产物层导热系数 $k_s = 0.967$ W/(m·℃)。按照 5.1.5 节参数分析，密实的纯晶体 CaO 导热系数为 7~8 W/(m·℃)，考虑到石灰产物层的孔隙度约为 0.5，取产物层的导热系数为 3.5 W/(m·℃)，由此计算得石灰石反应界面温度为 1238 ℃。由于产物层导热系数较小，其对传热的阻力便较大，同时考虑到图 5.32 中拟合直线与实验曲线偏离程度低，可确定石灰产物层导热为石灰石分解的限制环节之一。

5.3.3.3　压差驱动下的 CO_2 流动控制

以上计算得到石灰石反应界面温度为 1238 ℃，明显高于石灰石理论分解温度，从而导致反应界面上具有很大的 CO_2 分压，在其驱动下形成宏观流动。

A　层流

若反应界面温度为 1238 ℃，石灰石分解为压差驱动下的 CO_2 层流流动控制时，得到图 5.33 所示图像。根据静止条件下拟合直线的斜率得到 $A = 5.68 \times 10^{11}$，进一步求得 $d_p = 1.67 \times 10^{-7}$ m，并得到转化率与时间函数关系

$$(1 - f)\ln(1 - f) + f = \frac{3.16 \times 10^{-7}}{r_0^2}\theta \tag{5.78}$$

利用上式对石灰石在转炉渣中分解时间进行预测，可得其转化率与时间关系，如图 5.34 所示。可以看到，对于半径为 0.007 m 的柱状石灰石试样，其分解至 99% 所需时间为 147 s，这与实验所测结果（约 3 min）基本吻合。

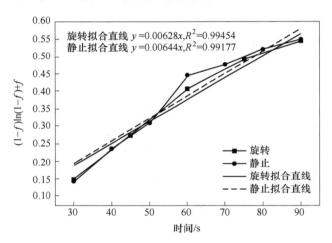

图 5.33　产物层层流流动控制曲线图

B　湍流

若反应界面温度为 1238 ℃，石灰石分解为压差驱动下的 CO_2 湍流流动控制时，得到图 5.35 所示图像。根据静止条件下拟合直线的斜率得到 $B = 1.62 \times 10^{14}$，进一步求得 $d_p = 5.98 \times 10^{-13}$ m，此值甚至小于 CO_2 分子直径（约 3.3×10^{-10} m），故排除湍流流动为控制环节。

综上，石灰石分解过程的限制环节之一为产物层内 CO_2 的层流流动。当内部温度较低时，反应生成的 CO_2 气体在较小的压力下缓慢迁移，此时通过产物层向反应界面传递的热量不断积累，直到反应界面温度达到 1238 ℃。之后，随着反应的加速，石灰石内部形成较大压力并驱动 CO_2 快速向外迁移，石灰石分解速度

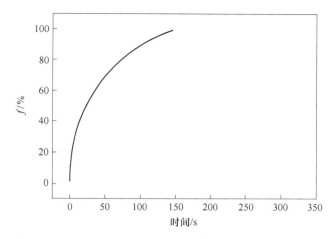

图 5.34 1350 ℃铁水中柱状石灰石转化率与时间关系预测图

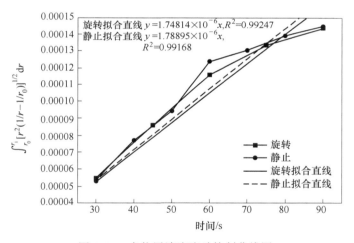

图 5.35 产物层湍流流动控制曲线图

将决定于 CO_2 向外迁移的速度。因此，认为实验条件下石灰石的分解是由产物层传热和 CO_2 层流流动混合控制的复杂过程。

5.4 石灰石在转炉渣和铁水中分解行为分析

由上述分析可知，柱状石灰石在转炉渣和铁水中分解过程类似。前期石灰石温度较低，外部环境将热量传导给柱状石灰石，使石灰石快速升温，石灰石表面很快产生 CaO，从而形成了孔隙率较大、导热系数较低的产物层。心部石灰石接受由产物层传导的热量，反应界面温度不断升高。当温度达到石灰石临界分解温度时，石灰石分解产生 CO_2。在等压条件下，CO_2 由反应界面向外部的迁移是以浓度差驱动下的扩散为主，其速度无法与石灰石分解速度相匹配，因而石灰石已经分解产生的 CO_2 气体将聚集在反应界面，并抑制石灰石的分解反应。此时从产物层传导的热量不能被分解反应消耗，而被用以提高反应界面的温度。随着反应界面温度的升高，石灰石反应界面 CO_2 分压不断提高，CO_2 向外迁移的速度逐渐加快，压差驱动下的强制流动逐渐取代之前的等压扩散。随着反应界面温度的升高，石灰石分解产生的 CO_2 从反应界面向外部迁移的速度逐渐加快，直到刚好与石灰石分解产生 CO_2 的速度相等，此时反应界面温度不再升高直到石灰石分解完成。

图 5.36 所示为柱状石灰石在转炉渣中和铁水中分解时反应界面温度变化。由图可知，柱状石灰石在转炉渣中和铁水中分解时，石灰石反应界面的温度均随着外部环境温度的升高而升高。在转炉渣中时，外部温度为 1250 ℃时，柱状石灰石反应界面温度为 1194 ℃；外部温度为 1300 ℃时，柱状石灰石反应界面温度为 1236 ℃；外部温度为 1350 ℃时，柱状石灰石反应界面温度为 1274 ℃。在铁水中时，外部温度为 1250 ℃时，柱状石灰石反应界面温度为 1188 ℃；外部温度为 1300 ℃时，柱状石灰石反应界面温度为 1210 ℃；外部温度为 1350 ℃时，柱状石灰石反应界面温度为 1238 ℃。在铁水中试样的反应界面温度明显低于转炉渣中试样的反应界面温度。但若从石灰石分解速度上看，相同温度下铁水中石灰石分解速度明显快于转炉渣中分解速度。

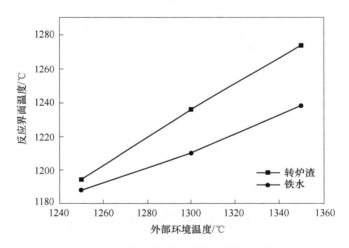

图 5.36　反应界面温度随外部环境温度的变化

在实验条件下，转炉渣中石灰石反应界面温度高于铁水中石灰石反应界面温度。据此推断石灰石在渣中分解时，存在一种抑制 CO_2 向外迁移的机制，而在铁水中则不存在类似机制。石灰在渣中溶解时，CaO 会与 SiO_2 结合在试样表面生成连续致密的高熔点 $2CaO \cdot SiO_2$ 外壳。该外壳阻碍 CO_2 向外迁移，使 CO_2 在反应界面积累，抑制了分解反应，提高了反应界面温度。而铁水中 [Si] 含量少，几乎不会生成致密的 $2CaO \cdot SiO_2$ 层，因此 CO_2 向外迁移阻力较小，热量在反应界面积累不明显，故石灰石反应界面温度低于渣中石灰石反应界面温度。

应用所得关系式（式（5.73）~式（5.78）），得到半径为 0.007 m 柱状石灰石试样在不同温度转炉渣和铁水中转化率与时间的关系，如图 5.37 所示。通过观察可知，无论在转炉渣还是铁水中，柱状石灰石的转化率均随时间而增加。在煅烧初期转化率增加很快，之后逐渐变得平缓。煅烧相同时间时，转化率随温度的升高而增大。煅烧相同时间、相同温度时，石灰石在铁水中的转化率大于在转炉渣中的转化率。

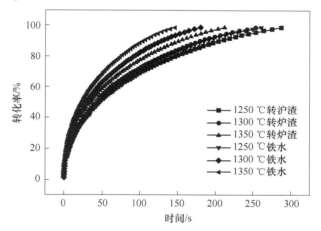

图 5.37 不同条件下柱状石灰石转化率与时间关系图（$d = 0.007$ m）

5.5 球形石灰石颗粒在转炉渣和铁水中转化率预测

根据 5.1 节柱状试样分解动力学模型，通过类似推导，可获得球形石灰石颗粒转化率与时间的关系式

$$1 - 3(1-f)^{2/3} + 2(1-f) = \frac{6\Delta P}{Ar_0^2} \frac{\rho'_{CO_2}}{\rho'_{CaCO_3}} \frac{M_{CaCO_3}}{M_{CO_2}} \theta \qquad (5.79)$$

进一步可以得到球形石灰石在不同温度转炉渣和铁水中转化率与时间的关系。

1250 ℃转炉渣

$$1 - 3(1-f)^{2/3} + 2(1-f) = \frac{2.41 \times 10^{-7}}{r_0^2} \theta \qquad (5.80)$$

1300 ℃转炉渣

$$1 - 3(1-f)^{2/3} + 2(1-f) = \frac{2.74 \times 10^{-7}}{r_0^2}\theta \qquad (5.81)$$

1350 ℃转炉渣

$$1 - 3(1-f)^{2/3} + 2(1-f) = \frac{3.26 \times 10^{-7}}{r_0^2}\theta \qquad (5.82)$$

1250 ℃铁水

$$1 - 3(1-f)^{2/3} + 2(1-f) = \frac{2.66 \times 10^{-7}}{r_0^2}\theta \qquad (5.83)$$

1300 ℃铁水

$$1 - 3(1-f)^{2/3} + 2(1-f) = \frac{3.85 \times 10^{-7}}{r_0^2}\theta \qquad (5.84)$$

1350 ℃铁水

$$1 - 3(1-f)^{2/3} + 2(1-f) = \frac{4.73 \times 10^{-7}}{r_0^2}\theta \qquad (5.85)$$

不同温度条件下，半径为 0.007 m 的石灰石颗粒在转炉渣和铁水中煅烧，转化率随时间的变化如图 5.38 所示。通过观察可知，无论是在转炉渣还是在铁水中，球形石灰石的转化率均随时间而增加，而且在煅烧初期转化率增加很快，之后逐渐变得平缓。煅烧相同时间时、转化率随温度升高而增大。煅烧相同时间、相同温度时，石灰石在铁水中的转化率大于在转炉渣中的转化率。与图 5.37 比较可知，相同粒径的球形石灰石和柱状石灰石相比，在相同的煅烧条件下可以更快地完成煅烧，这是因为球形石灰石有更好的导热效果，同时 CO_2 向外迁移也更快。

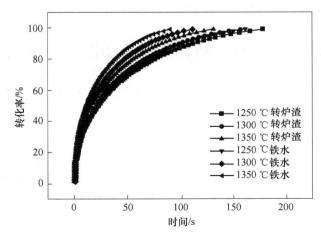

图 5.38 不同条件下球形石灰石转化率与时间关系图 ($d = 0.007$ m)

转炉吹氧时间为 12~18 min，第一批渣一般要求在 4~6 min 化好[1]，因此石灰石应保证在 4~6 min 内完成煅烧。根据已经获得的宏观动力学参数，假设冶炼初期转炉渣和铁水的温度均为 1300 ℃，可以分别计算获得允许使用的最大石灰石粒径约为 0.02 m 和 0.024 m。因此最终允许使用的石灰石的最大粒度为 0.02~0.024 m。这也表明如果采用块状石灰石加入转炉中，石灰石最大粒度也应该不大于 0.025 m。当采用石灰石小颗粒进行喷吹时，由于颗粒粒度一般远小于 0.025 m，可以保证及时分解并参与化渣。

5.6　本章小结

本章建立了柱状石灰石粉剂模型，包括浓度差驱动下的内扩散控制模型、压差驱动下的强制流动控制模型和产物层导热控制模型。分别对石灰石在转炉渣和铁水中分解的限制环节进行了分析，确定了限制环节。对石灰石在转炉渣和铁水中的分解行为进行了分析。最后预测了球形石灰石颗粒在转炉渣和铁水中的转化率随时间的变化。得到如下主要结论：

（1）石灰石在转炉渣和铁水中的分解过程受控于产物层的传热和压差驱动下 CO_2 向外迁移的耦合作用。外部环境温度越高，石灰石反应界面温度越高，但反应界面温度始终高于临界温度并低于外部温度。随着反应界面温度的升高，CO_2 扩散速度加快，石灰石反应速度亦随之加快。

（2）石灰石在渣中分解时反应界面温度高于在铁水中分解时反应界面温度，分解速度低于铁水中分解速度。原因在于石灰石分解产生的 CaO 在渣中与 SiO_2 生成了致密的 $2CaO \cdot SiO_2$ 层，阻碍了 CO_2 的向外迁移。

（3）无论是在转炉渣还是在铁水中，球形石灰石颗粒分解率与时间、石灰石半径均存在类似的关系式。不同环境（转炉渣/铁水）、不同温度下，动力学参数 K_L 不同

$$1 - 3(1 - f)^{2/3} + 2(1 - f) = \frac{K_L}{r_0^2}\theta \tag{5.86}$$

在 1250 ℃、1300 ℃ 和 1350 ℃ 转炉渣中，K_L 分别为 2.41×10^{-7} m²/s、2.74×10^{-7} m²/s、3.26×10^{-7} m²/s。在 1250 ℃、1300 ℃ 和 1350 ℃ 铁水中，K_L 分别为 2.66×10^{-7} m²/s、3.85×10^{-7} m²/s、4.73×10^{-7} m²/s。

（4）转炉使用石灰石的适宜最大粒度为 0.02~0.024 m。

6 转炉顶/底喷粉的物理模拟

第 2~5 章分别从理论上分析了采用石灰石造渣炼钢的可行性，确定了石灰石在转炉温度下的活性度，研究了石灰石在转炉渣和铁水中的煅烧行为及分解动力学，得到了石灰石在转炉渣和铁水中的分解规律，并得到了相应的动力学方程。若块状石灰石直接加入转炉，存在石灰石化渣慢和脱磷效果不够好的问题；若采用顶/底喷粉形式加入，由于石灰石颗粒众多，显著增加了反应面积，可以提高反应效率，达到较好的冶炼效果。因此，本章对复吹转炉操作进行物理模拟，并对其进行优化。

6.1 转炉顶喷粉剂氧枪设计

6.1.1 参数选择

转炉相关参数选择见表 6.1。

表 6.1 参数选择

项 目	参 数
转炉公称容量/t	120
出钢量/t	130
转炉冶炼时间/min	37
纯吹氧时间/min	16[147-148]
石灰石粉剂直径/m	$1.2 \times 10^{-4} \sim 3.8 \times 10^{-4}$
氧气密度/kg·m^{-3}	1.43
石灰石粉剂堆密度/kg·m^{-3}	2715
氧气黏度/Pa·s	1.85×10^{-5}
粉气比	10~50

6.1.2 设计要求

根据物料平衡和热平衡，得到相应石灰替代比为 70%、热损失为 5%、铁水初始温度为 1375 ℃时，需要加入的石灰石质量为 9127 kg。

若从氧枪中向熔池喷吹石灰石粉，则应保证在纯吹氧时间的 1/3～1/2 内吹入全部石灰石粉，且保证整个冶炼过程消耗的氧气总量与加入全石灰时消耗的氧气总量相同。

6.1.3　球形石灰石颗粒自由沉降速度

由表 6.1 可知，$d_{石灰石}=1.2\times10^{-4}\sim3.8\times10^{-4}$ m，故取 $d_{max}=4\times10^{-4}$ m 作为石灰石的最大计算直径，取 $d_{min}=1.2\times10^{-4}$ m 作为最小计算直径。

在 $d_{max}=4\times10^{-4}$ m 条件下有

$$Ar=\frac{d_{max}^3\rho_{空气}(\rho_{石灰石}-\rho_{空气})g}{\mu^2}=7111.15 \tag{6.1}$$

式中，Ar 为阿基米德数；$\rho_{空气}$ 为空气密度，kg/m^3；$\rho_{石灰石}$ 为石灰石表观质量密度，kg/m^3；g 为重力加速度，m/s^2；μ 为氧气黏度，$Pa\cdot s$。

由式（6.1）可推出 $Re=98.95$[149]，则有

$$v_{t1}=\frac{\mu Re}{d_{max}\rho_{空气}}=3.20\ m/s \tag{6.2}$$

同理，在 $d_{min}=1.2\times10^{-4}$ m 条件下有

$$Ar=\frac{d_{min}^3\rho_{空气}(\rho_{石灰石}-\rho_{空气})g}{\mu^2}=192.00 \tag{6.3}$$

可推出 $Re=8.01$[149]

$$v_{t2}=\frac{\mu Re}{d_{min}\rho_{空气}}=0.86\ m/s \tag{6.4}$$

综上，取速度平均值进行计算

$$v_t=2.03\ m/s \tag{6.5}$$

6.1.4　气流速度

表 6.2 给出了气流速度与颗粒沉降速度，由表中数据可选择气流速度 $v_a=v_t+30=32\ m/s$[150]。

表 6.2　气流速度 v_a 与颗粒沉降速度 v_t[151]

粉料名称	$r_s/t\cdot m^{-3}$	$v_t/m^3\cdot s^{-1}$	$v_a/m^3\cdot s^{-1}$
碳粉（C）	1.2～1.5	8.7	20～30
石英砂（SiO₂）	2.3～2.8	6.8	25～35
铝矾土（Al₂O₃）	3.2～4.09	0.268	20～40
铝粉（Al）	2.67～2.69	0.5	—
石灰粉（CaO）	2.0	—	26～30

6.1.5 氧气和石灰石质量流量

忽略温度对于氧气流量的影响，结合需要喷吹石灰石的质量，选取国标 $\phi 73$ mm×4.5 mm 无缝钢管内置于喷枪中，作为氧枪中间喷吹颗粒的装置。氧气体积流量为

$$Q_{氧气} = \frac{\pi d^2}{4} \frac{P_0}{P} v_a = \frac{\pi (64 \times 10^{-3})^2}{4} \times 8 \times 32 = 0.82 \text{ m}^3/\text{s} \qquad (6.6)$$

$$G_{氧气} = Q_{氧气} \rho_{氧气} = 0.82 \times 1.43 = 1.17 \text{ kg/s} \qquad (6.7)$$

固气比 n 为 10~50，设定最小粉气比为 20，则有

$$G_{石灰石} = G_{氧气} n = 1.17 \times 20 = 23.4 \text{ kg/s} \qquad (6.8)$$

对石灰石喷吹量核算，在纯吹氧时间的 1/3~1/2 中，即 5.3~8 min，其理论喷吹量为

$$G_{石灰石理论} = G_{石灰石} t = 23.4 \times (5.3 \sim 8) \times 60 = 7441.2 \sim 11232 \text{ kg} \quad (6.9)$$

根据物料平衡和热平衡，得到相应石灰替代比 70% 时，需要加入的石灰石质量为 9127 kg，该值在上述范围内，故此设计满足实际要求。

6.1.6 转炉氧枪喷头设计

（1）氧流量或供氧强度[131]。

$$Q_{总} = \frac{V_{O_2}}{\tau} = \frac{9515.27 \times 22.4}{32 \times 16 \times 60} = 6.94 \text{ m}^3/\text{s} \qquad (6.10)$$

$$Q_{环} = Q_{总} - Q_{内} = 6.94 - 0.82 = 6.12 \text{ m}^3/\text{s} \qquad (6.11)$$

式中，V_{O_2} 为 120 t 转炉消耗氧气总质量，kg；τ 为 120 t 转炉纯吹氧时间，min。

（2）喷孔出口马赫数。喷孔出口马赫数的大小决定了喷孔氧气出口速度，也决定了氧气射流对熔池的冲击搅拌能力，目前国内外氧枪喷孔出口马赫数多在 1.95~2.20，此处选择 Ma=2.0。

（3）设计工况氧压。根据等熵流表，当 Ma=2.0 时，$P/P_0 = 0.1278$。取喷头出口压力 $P = P_{腔} = 0.102$ MPa，则喷口滞止氧压为

$$P_0 = \frac{0.102}{0.1278} = 0.798 \text{ MPa} \qquad (6.12)$$

（4）喉口直径。

$$q = \frac{Q_{环}}{5} = \frac{6.12}{5} = 1.224 \text{ m}^3/\text{s} \qquad (6.13)$$

又有

$$q = 1.782 C_D \frac{A_{喉} P_0}{\sqrt{T_0}} \qquad (6.14)$$

此处取 $C_D = 0.93$，$T_0 = 290$ K，$P_0 = 0.789$ MPa，代入式（6.14），得

$$d_{喉} = 30 \text{ mm} \tag{6.15}$$

（5）喉口长度。喉口长度一般范围为 5~10 mm，此处取 8 mm。

（6）收缩段长度。

$$l_1 = (0.8 \sim 1.5)d_{喉} = 1.0 \times 30 = 30 \text{ mm} \tag{6.16}$$

（7）收缩段半锥角。收缩段半锥角一般范围为 18°~23°，此处取 $\beta = 18°$。

（8）收缩段入口直径。

$$d_1 = d_{喉} + 2l_1 \lg\beta = 30 + 2 \times 30 \times \lg(18/180 \times \pi) = 50 \text{ mm} \tag{6.17}$$

（9）喷孔出口直径。根据等熵流表，在 Ma = 2.0 时，$\dfrac{A_{出}}{A_{喉}} = 1.6875$，则

$$\frac{\pi}{4}d_{出}^2 = 1.6875\frac{\pi}{4}d_{喉}^2 \tag{6.18}$$

故喷孔出口直径为

$$d_{出} = \sqrt{1.6875}\,d_{喉} = \sqrt{1.6875} \times 30 = 40 \text{ mm} \tag{6.19}$$

（10）扩张段长度。取扩张段的半锥角 $\alpha = 3.5°$，则扩张段长度为

$$L_{扩} = \frac{d_{出} - d_{喉}}{2\tan\alpha} = \frac{40 - 30}{2\tan 3.5°} = 90 \text{ mm} \tag{6.20}$$

（11）扩张段直径。根据经验公式 $l_{扩} = (1.2 \sim 1.5)d_{扩}$，则

$$d_{扩} = \frac{90}{1.5} = 60 \text{ mm} \tag{6.21}$$

通过以上计算，最终得到表 6.3 中顶喷粉氧枪喷头尺寸。

表 6.3 顶喷粉氧枪喷头尺寸

项　　目	参　　数
单个喷孔的氧气流量（标态)/m³·s⁻¹	1.224
喉口直径/mm	30
喉口长度/mm	8
收缩段长度/mm	30
收缩段半锥角 β/(°)	18
收缩段入口直径/mm	50
喷孔出口直径/mm	40
扩张段长度/mm	90
扩张段直径/mm	60

6.1.7 氧枪内径

假设内管中喷吹氧气时间与外围喷吹时间相同，即 16 min，此时外部氧气流量（标态）为

$$Q_环 = Q_总 - Q_内 = 6.94 - 0.82 = 6.12 \ \text{m}^3/\text{s} \qquad (6.22)$$

外围环形面积为

$$A_环 = \frac{P}{P_0} \frac{Q_环}{v_a} = \frac{6.12}{50 \times 8} = 0.0153 \ \text{m}^2 \qquad (6.23)$$

则内管外径

$$D_1 = \sqrt{\frac{4A_总}{\pi}} = \sqrt{\frac{4(A_环 + A_内)}{\pi}} = \sqrt{\frac{4\left[0.0153 + \dfrac{3.14 \times (64 \times 10^{-3})^2}{4}\right]}{\pi}} = 0.152 \ \text{m}$$

$$(6.24)$$

内壁厚度一般为 4~10 mm。计算出内管内径后，其外径应按国家钢管产品目录选择相近的尺寸，内层管外径按国家标准取 168 mm，则内层管壁厚为8 mm。

6.1.8 外层钢管直径

根据生产实践[131]，选取氧枪冷却水量 $Q_耗 = 100$ t/h。冷却水进水速度 $v_进 =$ 6 m/s，出水速度 $v_出 = 7$ m/s（因为出水温度升高，体积有所增大，故 $v_进 > v_出$），中心喷管外径 $d_{1外} = 168$ mm。

进水环缝面积为

$$F_2 = \frac{Q_水}{v_进} = \frac{100}{6 \times 3600} = 0.00463 \ \text{m}^2 = 46.3 \ \text{cm}^2 \qquad (6.25)$$

出水环缝面积为

$$F_3 = \frac{Q_水}{v_出} = \frac{100}{7 \times 3600} = 0.00397 \ \text{m}^2 = 39.7 \ \text{cm}^2 \qquad (6.26)$$

中层钢管内径为

$$d_2 = \sqrt{\frac{4F_2}{\pi} + d_{1外}^2} = \sqrt{\frac{4 \times 46.3}{\pi} + 16.8^2} = 18.5 \ \text{cm} \qquad (6.27)$$

故选取中层钢管为 $\phi 203$ mm×8 mm。

同理，外层钢管内径为

$$d_3 = \sqrt{\frac{4F_3}{\pi} + d_{2外}^2} = \sqrt{\frac{4 \times 39.7}{\pi} + 20.3^2} = 21.7 \ \text{cm} \qquad (6.28)$$

故选取外层钢管为 ϕ245 mm×14 mm。

图 6.1 所示为顶喷石灰石粉实验采用的氧枪结构示意图。氧枪外环喷吹氧气，内环为气粉两相流。

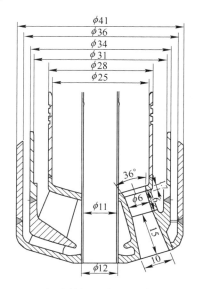

图 6.1　氧枪结构示意图（单位：mm）

6.2　实验基本原理

冶金过程中的现象是错综复杂的，包括气体、液体和固体的复杂运动以及在不同反应器内的不同反应。许多实际问题用目前的数学分析方法来解决是困难的，有的难以列出方程式，有的即使列出方程式也无法求解；而仅靠直接实验的方法又有很大的局限性，即实验结果只能应用到与实验条件完全相同的现象上，并且还无法得出揭示现象本质的规律性关系。因此，以相似原理为基础的模型研究方法越来越多地被冶金工作者广泛采用，且取得了许多重要的成果。本章采用相似原理，并通过水模型实验确定不同操作参数对转炉各项指标的影响，最终对转炉工艺进行优化。

6.2.1　相似原理简介

相似原理[137]即相似三定理，相似三定理是相似理论的主要内容，也是模型研究的主要理论基础，其主要内容如下。

相似第一定理：又称相似正定理，认为彼此相似的现象必定具有在数值上相同的相似准数。这一结论是分析相似现象的相似性质后得出的，这些性质包括如下几方面：

（1）由于相似现象都属于同一类现象，因此它们都用文字完全相同的完整方程组来描述，其中包括描述现象的基本方程以及描述单值条件的方程。

（2）来表征这些现象的一切物理量的场都相似。

（3）相似的现象必然发生在几何相似的空间中，所以几何边界条件必定相似。

（4）由（2）知，相似现象的一切量各自互成比例；由（1）知，由这些量所组成的方程组又是相同的，所以各个物理量的比值（相似常数）不能是任意的，而是彼此既有联系又相互约束的，它们之间的约束关系表现为某些相似常数组成的相似指标等于1。

相似第二定理：相似第二定理也叫作相似逆定理。凡是同一类现象，当其单值条件相似，而且由单值条件的物理量所组成的相似准数在数值上相等，则这些现象必定相似。相似第二定理是讨论相似条件的问题，表征现象相似的条件有：

相似条件（1）：由于彼此相似的现象服从于同一自然规律的现象，因此都可以用文字完全相同的基本方程来描述；

相似条件（2）：单值条件相似是现象相似的第二个必要条件；

相似条件（3）：由单值条件的物理量所组成的相似准数在数值上相等是现象相似的第三个必要条件。

相似第一定理首先肯定两现象的相似，然后研究其单值条件相似，而由单值条件的各个物理量所组成的相似准数的数值必然相同。相似第二定理是首先肯定两现象单值条件相似，而且由单值条件的各物理量所组成的相似准数的数值也相同，则说明其两现象必然相似。这样，相似第二定理明确地规定了两个现象相似的必要和充分条件。

相似第三定理：或称"Π 定理"，描述某现象的各个物理量之间的关系可表示成相似准数 Π_1，Π_2，$\cdots$，Π_n 之间的函数关系，写成方程式的形式：

$$F(\Pi_1，\Pi_2，\cdots，\Pi_n) = 0 \qquad (6.29)$$

这种关系式称为"准数关系式"或"准数方程"。因为对于所有彼此相似的现象，相似准数都保持相同数值，所以它们的准数方程式也相同。由此，如果把某一现象的实验结果整理成准数关系式，那么这种准数关系式就可推广到与其相似的现象中去。

相似理论实质上是实验的理论，是进行实验研究的理论基础。相似第一定理指出了进行实验时，必须测量出各相似准数中所包含的一切量，因为实验所得的结果要整理成相似准数的关系式。相似第二定理指出了进行模型实验时必须遵守单值条件相似，而且由单值条件的物理量组成的定性准数在数值上要相等。相似第三定理指出了必须把实验结果整理成相似准数之间的关系式。

6.2.2 近似模型法

任何物理现象的模拟就是实现模型与原型的现象相似，因此模型实验研究的内容就是要在模型上再现原型的一些现象，这些现象必须是相似现象。在下列两种情况下，必须采用模拟研究。

（1）当需要研究的工程对象很难直接进行研究或根本不可能直接进行研究时，就需要采用模拟的方法在模型上获得相似于该工程对象的现象。

（2）当需要新设计一个工程对象时，可以研究一种与将要设计的工程对象相似的模型。用这个模型获得与新设计的工程对象（将要建立的实物对象）相似的现象。

根据相似理论，如果现象满足相似第二定理，则由模型得到的规律可以推广应用到原型中去。然而实际过程比较复杂，不可能完全做到满足相似第二定理，这就要采用近似模型研究的方法。所谓近似模型法就是在进行模型研究时，分析在相似条件中哪些因素对过程是主要的，起决定作用的；哪些是次要的，所起作用不大的。对前者要尽量加以保证，而对后者只做近似的保证，甚至可以忽略。这样一方面使相似研究能够进行，另一方面又不致引起较大的误差。

由于水的运动黏度和钢水非常相似，所以根据相似原理，利用水模实验可以模拟熔池内部的混合状态，这种方法不但效果好而且十分经济，因此，水模实验被广泛应用。

6.3 实验设备及实验参数的确定

6.3.1 实验设备

实验设备如图6.2所示，主要包括：
（1）由转炉、喷枪和熔池组成的吹炼系统；
（2）由压力表、转子流量计组成的气体流量系统；
（3）由电导率仪、电导探头、功率放大器和具有模/数转换卡的计算机组成的数据记录系统。

6.3.2 相似比的确定

根据相似原理，在建立复吹转炉物理模型时，主要考虑原型与模型的几何相似和动力学相似。

对于几何相似，主要应考虑选择合适的相似比，一般根据现场实际情况和文

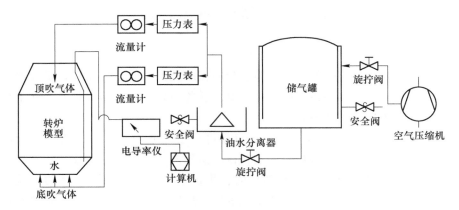

图 6.2 实验设备示意图

献报道及实验室条件来选择。相似比是实物某一主要物理量与模型同一物理量的比值。

几何相似比可表示为：

$$m = L_m/L_p \tag{6.30}$$

式中，L_p 为实物几何尺寸，mm；L_m 为模型几何尺寸，mm。

由上式可知，相似比越大，模型尺寸越小；相似比越小，则模型尺寸越大。在设计实验模型时必须选取合适的相似比。如果相似比过大，即模型尺寸过小时，可信度降低，不易得出正确的结果；如果相似比过小，即模型尺寸过大，实验条件难以保证且模拟实验费用也会增加。

流体运动的相似，是力学相似的结果。因此，研究复吹转炉熔池的运动时，必须从它们的受力分析出发。在不考虑 C—O 反应的情况下，决定复吹转炉内流体运动状态的力主要有重力、表面张力、黏性力以及顶吹气体和底吹气体的作用力。然而，能够引起钢水宏观运动的，主要的还是后两者，即氧气射流冲击到熔池表面上，因气体动量的变化而产生的冲力，以及底吹气体的吹入而带入熔池的动能和气体产生的浮力。由于气体吹入分裂液滴的作用，以及不稳定的气-液表面对液层的剪切作用，以致底吹气体进入熔池不久，就使气体带入系统的绝大多数动能都消耗掉了。因此，底吹气体的作用主要表现为底吹气体所产生的浮力。正是由于这两个力的作用，熔池内的钢水才能激烈运动，而由于两力作用强度的不同，可能产生各种复杂的运动状态。本书采用修正的 Froude 准数为相似准数。

$$Fr' = \frac{\rho_g v^2}{\rho_1 g d} \tag{6.31}$$

式中，v 为气流速度，m/s；d 为喷枪出口直径，m；ρ_1 为液体密度，kg/m³；ρ_g 为气体密度，kg/m³；g 为重力加速度，m/s²。

当原型的修正 Froude 数与模型的修正 Froude 数相等时，原型与模型的流体运动状态相似。

6.3.3 模型参数的确定

本实验采用的由有机玻璃制作而成的转炉模型以某钢厂 120 t 复吹转炉为原型。根据实验室条件和现场实际情况，模型几何相似比取 1:6。第 5 章确定了石灰石加入的最大粒度为 $2 \times 10^{-2} \sim 2.4 \times 10^{-2}$ m，结合 6.1 节设计的氧枪中心喷孔的直径 1.1×10^{-3} m 以及实验室条件，选择模拟颗粒的粒度为 $1.2 \times 10^{-4} \sim 3.8 \times 10^{-4}$ m。

本实验采用水模拟钢液，用真空泵油模拟炉渣，用压缩空气模拟氧气和氮气进行冷态实验。采用浸盐的空心三氧化二铝模拟石灰石颗粒。颗粒首先洗涤干燥，然后在饱和食盐水中浸湿并干燥筛分，最终得到的浸盐颗粒粒度范围分别是 $1.2 \times 10^{-4} \sim 1.5 \times 10^{-4}$ m、$1.5 \times 10^{-4} \sim 2.12 \times 10^{-4}$ m 和 $2.12 \times 10^{-4} \sim 3.8 \times 10^{-4}$ m。

表 6.4 列出了相关原型和模型参数。图 6.3 所示为转炉模型尺寸。

表 6.4 原型参数和模型参数

参　　数	原　　型	模　　型
熔池深度/mm	1330	222
氧枪喷孔数/个	5	5（1 个中心喷孔）
喉口直径/mm	37.6	5.9
出口直径/mm	48.7	7.6
顶枪马赫数	2.0	2.0
喷孔倾角/(°)	12	12
顶吹流量（标态）/m³·h⁻¹	24000～30000	111.5～139.43
顶吹气体密度/kg·m⁻³	1.43（氧气）	1.20（空气）
底枪直径/mm	12	2
底吹流量（标态）/m³·h⁻¹	250～650	1.09～2.82
底吹气体密度/kg·m⁻³	1.25（氮气）	1.20（空气）
液体密度/kg·m⁻³	7080	998
重力加速度/m·s⁻²	9.8	9.8
粉剂密度/kg·m⁻³	2715	650
粉剂粒度/m	$\leqslant 2.4 \times 10^{-2}$	$1.2 \times 10^{-4} \sim 3.8 \times 10^{-4}$

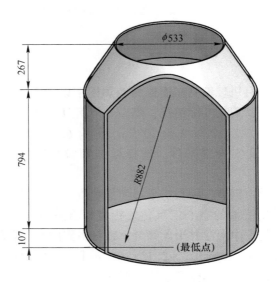

图 6.3 转炉模型尺寸（单位：mm）

6.3.3.1 顶气流量的确定

为保证模型现象与原型现象相似，必须满足一定的相似准则。水模实验中，重力和惯性力起决定性作用，故在保证了炉型的几何条件相似的前提下，只需要保证模型和原型的修正 Froude 准数相等，即：

$$Fr' = \frac{\rho_{\mathrm{g}} v^2}{\rho_{\mathrm{s}} g d} \tag{6.32}$$

$$\frac{\rho_{\mathrm{a}} v_{\mathrm{a}}^2}{\rho_{\mathrm{w}} g d_{模}} = \frac{\rho_{\mathrm{O}_2} v_{\mathrm{O}_2}^2}{\rho_{\mathrm{s}} g d_{实}} \tag{6.33}$$

$$\frac{v_{\mathrm{a}}}{v_{\mathrm{O}_2}} = \sqrt{\frac{\rho_{\mathrm{O}_2} \rho_{\mathrm{w}}}{\rho_{\mathrm{a}} \rho_{\mathrm{s}}} \frac{d_{模}}{d_{实}}} = 0.1673 \tag{6.34}$$

$$Q_{\mathrm{a}} = v_{\mathrm{a}} \left(\frac{\pi}{4} n_{模} d_{模}^2 \right) \times 3600 \tag{6.35}$$

$$Q_{\mathrm{O}_2} = v_{\mathrm{O}_2} \left(\frac{\pi}{4} n_{实} d_{实}^2 \right) \times 3600 \tag{6.36}$$

$$\frac{Q_{\mathrm{a}}}{Q_{\mathrm{O}_2}} = \frac{v_{\mathrm{a}}}{v_{\mathrm{O}_2}} \frac{n_{模}}{n_{实}} \frac{d_{模}^2}{d_{实}^2} \tag{6.37}$$

式中，ρ_{a} 为室温 20 ℃时空气的密度，$\mathrm{kg/m}^3$；ρ_{O_2} 为标态下氧气的密度，$\mathrm{kg/m}^3$；ρ_{w} 为水的密度，$\mathrm{kg/m}^3$；ρ_{s} 为钢水的密度，$\mathrm{kg/m}^3$；g 为重力加速度，$\mathrm{m/s}^2$；$d_{模}$、$d_{实}$

为模型和原型的喷枪出口直径，mm；v_a、v_{O_2} 为模型和原型的喷枪出口气流速度，m/s；$n_实$、$n_模$ 为原型和模型的喷孔数目；Q_a、Q_{O_2} 为模型和原型的供气量（标态），m^3/h。

根据原型顶吹气体流量计算得到水模实验条件下的顶吹气体流量，顶吹气体流量方案见表6.5。

表6.5　顶吹气体流量方案

方案编号	A1	A2	A3	A4	A5
原型流量（标态）/$m^3 \cdot h^{-1}$	25000	26000	27000	28000	29000
模型流量（标态）/$m^3 \cdot h^{-1}$	116.20	120.84	125.49	130.14	134.79

6.3.3.2　底吹气量的确定

$$\frac{\rho_a v_a^2}{\rho_w g d_模} = \frac{\rho_{N_2} v_{N_2}^2}{\rho_s g d_实} \tag{6.38}$$

$$\frac{v_a}{v_{N_2}} = \sqrt{\frac{\rho_{N_2} \rho_w}{\rho_a \rho_s} \cdot \frac{d_模}{d_实}} \tag{6.39}$$

$$Q_a = v_a \left(\frac{\pi}{4} n_模 d_模^2\right) \times 3600 \tag{6.40}$$

$$Q_{N_2} = v_{N_2} \left(\frac{\pi}{4} n_模 d_模^2\right) \times 3600 \tag{6.41}$$

$$\frac{Q_a}{Q_{N_2}} = \frac{v_a}{v_{N_2}} \frac{n_模}{n_实} \frac{d_模^2}{d_实^2} \tag{6.42}$$

根据原型底吹气体流量计算得到水模实验条件下的底吹气体流量，底吹气体流量方案见表6.6。

表6.6　底吹气体流量方案

方案编号	B1	B2	B3	B4	B5
原型流量（标态）/$m^3 \cdot h^{-1}$	250	350	450	550	650
模型流量（标态）/$m^3 \cdot h^{-1}$	1.09	1.52	1.96	2.39	2.82

水模型实验中底枪布置情况如图6.4所示，采用中心夹角34°，6个底枪喷孔进行喷吹。通过调整底气总流量，控制每个底枪流量，观测熔池参数变化规律。

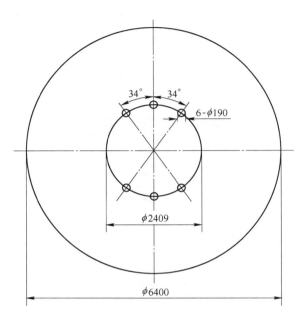

图 6.4　底吹布置示意图（单位：mm）

根据原型枪位，计算得到水模实验用枪位，方案见表 6.7。

表 6.7　实验用枪位方案

方案编号	C1	C2	C3	C4	C5
原型枪位/mm	1350	1550	1750	1950	2150
模型枪位/mm	225	258	292	325	358

6.4　实验步骤及实验数据处理

冷态模拟研究的目的是获得指导实践的理论，并为实际吹炼过程提供最佳工艺参数，以及为进一步探索复合吹炼的客观规律提供依据。因此，冷态模拟必须满足以下三点：根据相似理论，选择相应的相似准数进行实验设计；根据要求选择模拟介质；设计或选用可靠、可行的测定方法，以测得可以信赖的数据。

由以上内容可知，选择修正的 Froude 准数为相似准数和水作为模拟介质，可以使前两点得到很好的保证。因此，选择合适的实验测定方法显得极为重要，将直接影响实验结果的可信度。

6.4.1 均混时间

6.4.1.1 实验原理及方法

熔池搅拌已经成为现代转炉炼钢技术发展的基础和核心。衡量复吹转炉内熔池搅拌混合程度的一个重要且直观的参数即为均匀混合时间，简称均混时间（有的文献中称混合时间或混匀时间），它对均匀钢水成分和温度，提高反应速度，排除金属液中夹杂物等有重要影响[1-2]。关于熔池中均混时间的测试方法，国内外进行了大量的研究。

均混时间目前普遍采用"刺激-响应"实验技术来测定，即向熔池中加入一定数量的示踪剂，同时检测熔池中某一特性以反映熔池的混合情况。在物理模型中，多通过测定熔池中某一位置的电导率或 pH 值来确定均混时间。因检测设备简单、操作容易、数据记录方便，目前测电导率的方法更为广泛。因此，本实验也采用测电导率的方法来测定熔池的均混时间。

通过控制阀和流量计控制顶气流量和底气流量。按照实验方案中给出的顶气流量和底气流量进行吹气，待吹气一定时间，转炉模型内状态达到稳定后，保持吹气量不变，往模型中某一固定位置处加入一定量的示踪剂（100 mL 饱和食盐溶液），同时记录某一固定位置处电导率随时间的变化。根据计算机同步记录数据可知，加入示踪剂后，电导率会增大，出现跳跃或波动，经过一段时间逐渐达到平稳，此时刻与加入示踪剂的时间差就可看作均混时间。图 6.5 所示为均混时间的确定方法示意图。当信号完全稳定（信号无剧烈波动）时，停止吹气，将模型中的水放出，获得一组数据。实验时，保持其他参数不变，改变某一参数，进行多次实验，然后对实验数据进行分析，得出模型均混时间与各工艺参数之间的关系。本实验对均混时间的判定方法是电导率变化在±5%范围内即可判定熔池内溶液达到均混。

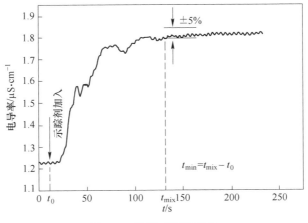

图 6.5　均混时间的确定

6.4.1.2 实验结果分析

根据已经优化完成的 120 t 转炉冶炼操作工艺参数，取顶气总流量（标态）为27000 m³/h。经过计算得知，在氧气总量不变的前提下，为保证石灰石粉顺利通过氧枪喷入熔池，中心管载气（氧气）量占总量的12%，其余气体通过外围拉乌尔管喷入。因此，水模型中相应的主流量，即外围流量（标态）为 110.43 m³/h，载气流量（标态）为 15.06 m³/h。通过改变底气流量和枪位，考察其对均混时间的影响，并对所得数据进行分析比较。

图 6.6 所示为枪位为 225 mm、258 mm、292 mm、325 mm 和 358 mm 条件下，均混时间随底气流量的变化。由图可知，枪位相同时，熔池均混时间随着底气流量的增加先减小后增大，本实验条件下最佳底气流量（标态）为1.96 m³/h。随着底气流量的增加，底吹气体带入的动能增大，熔池搅拌得到强化；然而，当底气流量进一步增加时，其带入的动能过大，导致其中一部分未能有效进行转炉熔池搅拌，反而可能抵消一部分顶气带入的动能，故均混时间整体趋势先降后升。

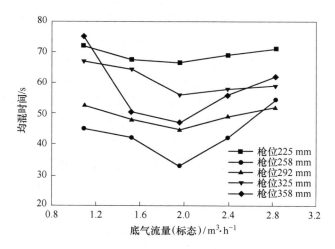

图 6.6 不同枪位下均混时间随底气流量的变化

图 6.7 所示为底气流量（标态）为 1.09 m³/h、1.52 m³/h、1.96 m³/h、2.39 m³/h 和2.82 m³/h 时，均混时间随枪位的变化。由图可知，底气流量相同时，随着枪位的升高，均混时间先减小后增大，本实验条件下的最佳枪位为258 mm。底气流量一定时，随着顶枪枪位的升高，顶吹气体与底吹气体的相互作用逐渐减小，底气对于熔池的搅拌效果逐渐提高；然而，随着顶枪枪位的进一步提高，顶气对熔池的搅拌减弱，故均混时间整体趋势先降后升[152]。

相较于原始转炉氧枪，采用所设计的新型氧枪，最佳枪位有所降低。其原因在于，原始转炉氧枪前段为具有五孔拉乌尔管的喷头，而新型氧枪前段多了一个

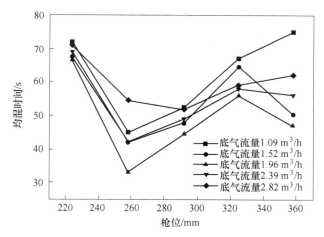

图 6.7 不同底气流量（标态）下均混时间随枪位的变化

中心孔道，其载气流量占全部供氧量的 12%。因此，在相同气体流量条件下，顶气与底气的相互作用减弱，使得较低枪位更有利于提高熔池搅拌效果。

6.4.2 颗粒穿透比

为了加强瞬时固体和液体接触区的物理化学反应，最直接的方法是设法增大反应物的接触面积，即增大分散在熔池内的颗粒数目。一般认为，在出口后气粉两相流的射流末端，气体和颗粒分离后形成气泡上浮，颗粒则有以下几种可能的运动情况：

（1）具有足够大动量的颗粒穿透气-液界面进入液相；

（2）动量较小的颗粒不能穿透气-液界面，被包裹在气泡里面，随气泡的上浮进入渣中；

（3）气泡上浮过程中，因静压力减小和体积增大，可能产生破裂，这时包裹在气泡里的颗粒会有一部分被释放出来，与液相接触；

（4）动量较小的颗粒附着在气膜上，可能有一部分体积穿出气-液界面与钢水接触，另一部分体积仍处于气泡里面，即处于穿透和未穿透的过渡状态。

要增大颗粒分散在熔池中的数目，必须设法使颗粒尽可能地穿透气-液界面进入熔池，提高进入液相颗粒的比例以提高颗粒利用率，也就是提高颗粒的穿透比。这里所称的穿透比，是指在射流末端穿出气-液界面的颗粒质量、气泡上浮过程中破裂时释放的颗粒质量以及气泡中颗粒穿出气-液界面部分的等效颗粒质量，这三者的总和与所喷吹颗粒的总量之比值。

6.4.2.1 实验原理及方法

对于颗粒穿透比实验，主要考察固气比和颗粒粒度对穿透比的影响。在已经优化的顶吹气量和枪位条件下，改变底吹气量以改变固气比。考察不同固气比条件下颗粒穿透比的变化，从而确定最优底吹气量。在该底吹气量下，研究不同粒度范围对颗粒穿透比的影响，得出最佳粒度范围。

固体颗粒经浸盐和干燥处理，其表面将附着较薄的一层盐，在颗粒进入熔池后，这些盐很快溶解，从而导致局部电导率快速升高。因此，颗粒穿透比的测定就可以转化为对熔池电导率的测定。首先由预备实验得到熔池电导率与穿透颗粒质量间的关系，进而可以计算不同条件下的颗粒穿透比。对于裹在气泡中未进入液相的颗粒，为防止气泡到达顶部破裂后释放的颗粒与液相再接触，采用真空泵油在熔池顶部捕获未穿透气泡，并随其上浮的颗粒。

6.4.2.2   实验结果分析

通过预实验确定熔池电导率与穿透颗粒质量间的关系，其操作步骤为首先测量未加入颗粒时的熔池电导率，然后记录每次增加一定质量浸盐颗粒所引起的电导率的变化。图 6.8 所示为预实验结果图，可以看到，熔池电导率随穿透颗粒质量的增加而增加，且呈现良好的线性关系。经过拟合得到电导率随颗粒质量变化的直线为 $y = 266.25x + 4998$，其相关系数 $R^2 = 0.95$。

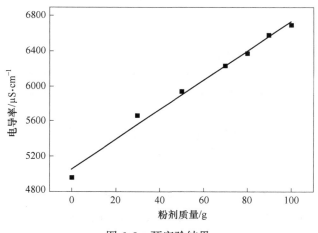

图 6.8   预实验结果

根据预实验结果，进一步研究了不同颗粒粒度条件下，固气比与颗粒穿透比间的关系。图 6.9 所示为颗粒粒度分别为 $1.2 \times 10^{-4} \sim 1.5 \times 10^{-4}$ m、$1.5 \times 10^{-4} \sim 2.12 \times 10^{-4}$ m、$2.12 \times 10^{-4} \sim 3.8 \times 10^{-4}$ m 时，固气比对颗粒穿透比的影响。由图可知，随着颗粒粒度的增大，颗粒穿透比增大。有研究者认为单个颗粒穿出气-液界面进入液体存在临界直径，在一定的出口速度下，当颗粒直径大于临界直径时，颗粒就能够穿透气-液界面进入液体中[118]。故综合图 6.9 可知，在 $1.2 \times 10^{-4} \sim 3.8 \times 10^{-4}$ m 粒度范围内应已经达到临界直径，颗粒粒度越大，穿透比越大。

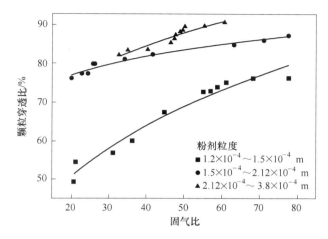

图 6.9 顶喷粉时固气比对穿透比的影响

由图 6.9 还可以看到，颗粒穿透比随固气比的增加而增大。这是因为未穿出气-液界面的颗粒是由气泡带走而损失的，只要保证喷吹顺行，固气比越大，气体所能带走的颗粒比例必然越小，颗粒穿透比越大。

对不同粒度条件下颗粒穿透比进行拟合（y 为颗粒穿透比，x 为固气比），得到相应的回归公式如下：

粒度 0.12~0.15 mm 时，$y = 18.93x^{0.33}$，$R^2 = 0.96$；

粒度 0.15~0.212 mm 时，$y = 58.95x^{0.089}$，$R^2 = 0.96$；

粒度 0.212~0.38 mm 时，$y = 45.47x^{0.17}$，$R^2 = 0.87$。

6.4.3 颗粒分布

6.4.3.1 实验原理及方法

影响熔池内颗粒分布的因素有两个，一是颗粒在熔池中的初始分布位置；二是颗粒在熔池内的扩散速度。颗粒在熔池内的分布位置越广，脱磷效果越好，颗粒利用率越高；同时，颗粒在熔池内的扩散速度越快，脱磷消耗的时间越短，效率也就越高，从而可以缩短整个冶炼时间。采用氧枪喷粉时，颗粒随气体射流进入熔池，部分颗粒可以穿透冲击坑并进入熔池液体内部，不同时刻颗粒运动状态不同，且分布也会有差别。为考察颗粒运动状态和分布，采用摄像机进行录像的方法，通过后期的图像处理软件进行处理，最终获得不同时刻的颗粒分布。

实验时首先向转炉模型中注水，达到设定的液面高度。开启空压机，待稳定到一定压强后，通过调整流量计来控制吹气量。待吹气一定时间溶池中流场稳定后，开启喷粉罐喷粉，喷入 50 g 颗粒，并使用摄像机对熔池内颗粒运动情况进行记录。图 6.10 所示为摄像机布置示意图。

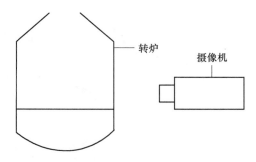

图 6.10　摄像机布置示意图

6.4.3.2　实验结果及分析

在已经优化的操作参数，即顶吹流量（标态）125. 49 m³/h（其中主氧气流量（标态）110. 43 m³/h，载气流量（标态）15. 06 m³/h），枪位 258 mm，颗粒粒度 $2. 12×10^{-4} \sim 3. 5×10^{-4}$ m 的条件下进行转炉氧枪喷粉实验，并从熔池正面进行录像，分析熔池内部颗粒分布持续变化的情况。图 6.11 所示为不同时刻颗粒

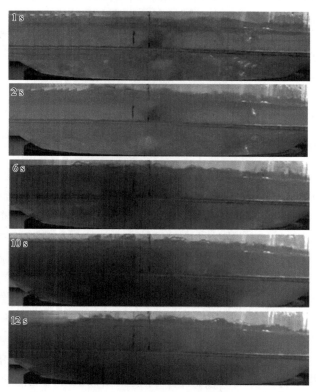

图 6.11　顶吹喷粉时不同时刻颗粒分布情况[152]

在熔池中的分布情况。由图可知，在喷吹开始阶段，较多的颗粒集中于熔池中心，然后迅速扩散。1 s时，颗粒从氧枪喷出，到达冲击坑界面；2 s时，部分颗粒开始穿透冲击坑界面进入熔池，另有少量颗粒未穿过冲击坑界面，直接被气体带走；6 s时，穿透冲击坑界面的颗粒迅速向熔池四周扩散，已经到达熔池中部；10 s时，颗粒进一步向熔池边壁扩散，逐步到达熔池边壁；12 s时，熔池内部颗粒充分混合，熔池电导率基本稳定，认为此时颗粒基本混合均匀。

6.5　顶喷粉和底喷粉的比较

采用底喷粉时，氧枪参数与表6.3中完全一致，操作参数也与顶喷粉的顶气流量、底气流量和枪位相同。

6.5.1　颗粒穿透比的比较

图6.12所示为底喷粉时固气比对颗粒穿透比的影响。由图可知，随着固气比的增加，颗粒穿透比随之增大。这是由于未穿出气-液界面的颗粒是由气泡带走而损失的，只要保证喷吹顺行，固气比越大，气体所能带走的颗粒比例必然越小，颗粒穿透比就越大。在相同的固气比条件下，穿透比随颗粒粒度的增大而增大[153]。

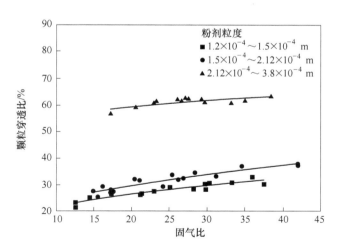

图6.12　底喷粉时固气比对穿透比的影响

对不同粒度条件下颗粒穿透比进行拟合，得到相应的回归公式如下：
粒度 0.12~0.15 mm 时，$y = 10.916x^{0.2949}$，$R^2 = 0.9009$；
粒度 0.15~0.212 mm 时，$y = 10.667x^{0.3406}$，$R^2 = 0.8651$；

粒度 0. 212~0. 38 mm 时，$y = 37.612x^{0.1037}$，$R^2 = 0.7506$。

底喷粉时，采用粒度范围为 $1.2 \times 10^{-4} \sim 1.5 \times 10^{-4}$ m、$1.5 \times 10^{-4} \sim 2.12 \times 10^{-4}$ m 的颗粒，颗粒穿透比只有 20%~40%；而采用粒度范围为 $2.12 \times 10^{-4} \sim 3.8 \times 10^{-4}$ m 的颗粒后，穿透比显著提高，达到了 50% 以上。

前人研究结果表明，单个颗粒穿出气-液界面进入液体存在临界直径，在一定的出口速度下，当颗粒直径大于临界直径时，颗粒就能够穿透气-液界面进入液体中，颗粒穿透比随粒径增加而增加[118]。在实际转炉生产中如果采用顶喷粉或者底喷粉时，颗粒粒度过小会导致被炉气带走，颗粒过大则无法实现气力输送和喷吹。因此，当采用喷吹的方式加入石灰石时，颗粒的合适粒度为 1~5 mm。

由图 6.9 和图 6.12 可知，顶喷粉条件下的颗粒穿透比显著大于底喷粉条件下的颗粒穿透比，分析原因可能在于颗粒通过氧枪中心喷孔喷入熔池具有更大的动能，更容易穿透气-液界面进入熔池。相比于底喷粉，顶喷粉时颗粒是先以较大的向下速度进入冲击坑并穿透熔池，达到一定深度之后，颗粒随向上运动的液体继续向上流动，达到熔池表面，并最终被真空泵油捕获。因此，颗粒在熔池中的停留时间相对较长，穿透气-液界面颗粒数量更多。

6.5.2　颗粒分布的比较

采用与顶喷粉时相同质量的颗粒进行底喷粉，结果如图 6.13 所示。

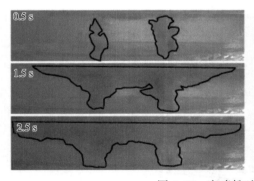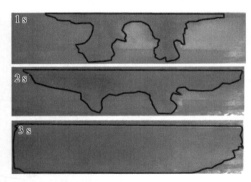

图 6.13　底喷粉时不同时刻喷粉情况

由图 6.13 可知，0.5 s 时有少量颗粒进入熔池；1 s 时有更多的颗粒进入熔池；1.5 s 时最先进入熔池的颗粒运动至熔池表面，部分浮于熔池表面的颗粒在顶吹的作用下向远离冲击坑方向漂移，而另一部分则随熔池表层的横向流动向熔池四周散开；2 s 时有颗粒到达炉壁附近；2.5 s 及 3 s 时颗粒回到底吹喷孔附近与上升流汇合，重新回到熔池内部环流中。

由图 6.11 和图 6.13 可知，底喷粉时颗粒可以较快地均匀分布在熔池中，颗粒全部充满熔池所需时间比顶喷粉时要少得多。分析原因在于底喷粉时,由于底枪较多且在一个同心圆上,颗粒随底吹气体进入熔池后,可以较快地形成几个局部搅拌区,从而有利于颗粒在熔池内部快速混合。

综合考虑顶喷粉和底喷粉对颗粒穿透比和颗粒分布的影响,由于顶喷粉能够获得更大的颗粒穿透比,且顶喷粉条件下载气非常充足,因此顶喷粉优于底喷粉。

6.6 本 章 小 结

首先结合转炉顶喷粉条件确定了喷粉用氧枪结构,进而根据相似原理建立了转炉物理模型,在此基础上研究了枪位和底气流量对均混时间、颗粒穿透比和颗粒分布的影响,得到如下结论:

(1)顶喷粉时,随着底气流量的增加,均混时间先是减小,底气流量(标态)为 1.96 m^3/h 时达到最小;之后随着底气流量的增加,均混时间不降反升。随着枪位的升高,均混时间亦是先减小后增大,最佳枪位为 258 mm。

(2)顶喷粉时,颗粒穿透比随着固气比的增加而增大;在相同的固气比条件下,颗粒穿透比随颗粒粒度的增大而增大。底喷粉时,颗粒的穿透比也随着固气比的增加而增大;在相同固气比条件下,颗粒穿透比随颗粒粒度的增大而增大。

(3)顶喷粉时的颗粒穿透比大于底喷粉时的颗粒穿透比。然而,底喷粉时颗粒可以更快地均匀分布于熔池中。

(4)本实验条件下最佳的操作参数配合为,底吹气量(标态) 1.96 m^3/h,枪位258 mm,固气比 30~40,颗粒粒度 2.12×10^{-4} ~ 3.8×10^{-4} m。对应于实际转炉的参数配合为,底吹气量(标态) 450 m^3/h,枪位 1550 mm,固气比 30~40,顶枪喷吹或底枪喷吹时颗粒粒度 1×10^{-3} ~ 5×10^{-3} mm。

参 考 文 献

［1］朱苗勇．现代冶金工艺学（钢铁冶金卷）［M］．北京：冶金工业出版社，2011：145-148，206-207．

［2］戴文阁，李文秀，龙腾春．现代转炉炼钢［M］．沈阳：东北大学出版社，1998：74-76，82-83，90-91，95．

［3］陈家祥．钢铁冶金学（炼钢部分）［M］．北京：冶金工业出版社，1989：140-141，197-199．

［4］王春波，尚建宇，陈传敏，等．钠盐对钙基脱硫剂烧结动力学的影响及孔结构的生成模型［J］．动力工程，2007，27（5）：805-809．

［5］Abanades J C. The maximum capture efficiency of CO_2 using a carbonation/calcination cycles of $CaO/CaCO_3$ ［J］. Chemical Engineering Journal, 2002, 90（3）：303-306.

［6］Li Z S, Cai N S, Huang Y Y. Effect of preparation temperature on cyclic CO_2 capture and multiple carbonation-calcination cycles for a new Ca-based SO_2 sorbent ［J］. Industrial & Engineering Chemistry Research, 2006, 45（6）：1911-1917.

［7］Iyer M V, Gupta H, Sakadjian B B, et al. Multicyclic study on the simulation carbonation and sulfation of reactivity CaO ［J］. Industrial & Engineering Chemistry Research, 2004, 43（14）：3939-3947.

［8］Ar I, Dou G. Calcination kinetics of high purity limestone ［J］. Chemistry Engineering Journal, 2001, 83：131-137.

［9］Khinast J, Krammer G F, Brunner C, et al. Decomposition of limestone：the influence of CO_2 and particle size on the reaction rate ［J］. Chemistry Engineering Science, 1996（51）：623-634.

［10］齐庆杰，马玉东，刘建忠，等．碳酸钙热分解机理的热重试验研究［J］．辽宁工程技术大学学报，2002，21（6）：689-692．

［11］潘云祥，管翔颖，冯增媛，等．一种确定固相反应机理函数的新方法［J］．无机化学学报，1999，15（2）：247-251．

［12］郑瑛，陈小华，周英彪，等．$CaCO_3$分解机理和动力学参数的研究［J］．华中科技大学学报（自然科学版），2002，32（12）：86-88．

［13］谢建云，傅维标．碳酸钙颗粒煅烧过程的统一数学模型［J］．燃烧科学与技术，2002，8（3）：270-274．

［14］庄建华，岳峰，张秀坤，等．中温反应过程中石灰石颗粒化学反应的数值模拟［J］．黑龙江电力，2004，26（5）：352-355．

［15］岳林海，水淼，徐畴德，等．超细碳酸钙微晶结构与热分解特性［J］．高等学校化学学报，2000，21（10）：1555-1559．

［16］Vosteen B. Preheating and complete calcinations of cement raw meal in a suspension preheater system ［J］. Zement- Kalk- Gips, 1974（9）：443-450.

［17］Keener S, Khang, S J. Structural pore development model for calcination ［J］. Chemical Engineering Communications, 1992, 117：279-291.

[18] Borgwardt R H. Calcination kinetics and surface area of dispersed limestone particles [J]. AIChE Journal, 1985, 31 (1): 103-111.

[19] Milne C R, Silcox G D, Pershing D W. Calcination and sintering models for application to high-temperature, short-time sulfation of calcium-based sorbents [J]. Industrial and Engineering Chemistry Research, 1990, 29 (2): 139-149.

[20] Corey R M. High temperature short sulfation of calcium-based sorbents theoretical sulfation model [J]. Industrial and Engineering Chemistry Research, 1990, 29: 2192-2201.

[21] 宁静涛, 钟北京, 傅维标, 等. 微细石灰石粉末高温煅烧分解研究 [J]. 燃烧科学与技术, 2003, 9 (3): 205-208.

[22] Ingraham T R, Mariver P. Kinetic studies on the thermal decomposition of calcium carbonate [J]. Journal of Industrial and Engineering Chemistry, 1963, 41: 170-173.

[23] Mckevan W M. Kinetics of iron ore reduction [J]. Transactions of the Metallurgical Society of AIME, 1958, 212: 791-793.

[24] Satterfield C N, Feakes F. Kinetics of thermal decomposition of calcium carbonate [J]. AIChE Journal, 1959, 5: 115-122.

[25] Narsimhan G. Thermal decomposition of calcium carbonate [J]. Chemistry Engineering Science, 1961 (16): 7-20.

[26] Koloberdin V I, Blinichev V N, Streltsov V V. The kinetics of limestone calcinations [J]. International Journal of Chemical Reactor Engineering, 1975, 15: 101-104.

[27] Khinast J, Krammer G F, Brunner C, et al. Decomposition of limestone: the influence of CO_2 and particle size on the reaction rate [J]. Chemical Engineering Science, 1996, 51 (4): 623-634.

[28] 李明春, 张进, 曲彦平, 等. 煅烧石灰石孔结构演变特性及有效扩散系数 [J]. 过程工程学报, 2014, 14 (5): 816-822.

[29] 李辉, 张乐乐, 段永华, 等. 高二氧化碳浓度下石灰石的热分解反应动力学 [J]. 硅酸盐学报, 2013, 41 (5): 637-643.

[30] 谢建云, 傅维标, 史愿. 石灰石煅烧过程等效扩散系数的测量 [J]. 燃烧科学与技术, 2001, 7 (4): 226-229.

[31] 陈江涛, 陈鸿伟, 赵振虎. 石灰石分解反应动力学参数随温度变化特性研究 [J]. 电站系统工程, 2012, 28 (6): 10-16.

[32] 苏雷, 詹庆林. 石灰石分解反应的热重动力学研究 [J]. 钢铁研究, 1997 (2): 17-21.

[33] 余兆南. 碳酸钙分解的试验研究 [J]. 热能动力工程, 1997, 12 (4): 278-280.

[34] 范浩杰, 章明川, 吴国新, 等. 碳酸钙热分解的机理研究 [J]. 动力工程, 1998, 18 (5): 40-43.

[35] 郑瑛, 史学锋, 容伟, 等. 石灰石快速煅烧及表面积形成的实验研究 [J]. 华中理工大学学报, 1999, 27 (3): 43-45.

[36] 张雪霞. 石灰石粒度对石灰煅烧质量的影响 [C]//河南省金属学会 2010 年学术会议论文集. 郑州: 河南省金属学会, 2010: 140-144.

[37] 崔之宝. 石灰石原料特性对冶金石灰煅烧的影响 [J]. 包钢科技, 1995 (1): 35-39, 61.

[38] 韩金玉, 孔祥新, 马金邦. 煅烧冶金石灰活性度分析 [J]. 天津冶金, 2007 (6): 9-12.

[39] 冯小平, 周晓东, 谢峻林, 等. 石灰的煅烧工艺及其结构对活性度的影响 [J]. 武汉理工大学学报, 2004, 26 (7): 28-30.

[40] 周乃君, 易正明, 王强, 等. 石灰石煅烧分解率在线监测模型 [J]. 化工学报, 2001, 52 (7): 612-615.

[41] 乐可襄, 董元篪, 王世俊, 等. 石灰石煅烧活性石灰的实验研究 [J]. 安徽工业大学学报, 2001, 18 (2): 101-103.

[42] 郭汉杰, 尹志明, 王宏伟. 冶金活性石灰烧制过程最佳工艺制度 [J]. 北京科技大学学报, 2008, 30 (2): 148-151.

[43] 唐亚新. 影响石灰活性的因素分析 [J]. 炼钢, 2001, 17 (3): 50-52.

[44] 曹彦卓, 吴红应, 董放战. 石灰石粒度对石灰煅烧质量的影响 [J]. 有色冶金节能, 2006 (5): 11-13, 33.

[45] 田玮. 石灰微观结构对炼钢脱磷的影响研究 [D]. 唐山: 河北联合大学, 2012.

[46] 李远洲, 孙亚琴. 顶底复吹转炉合理造渣工艺的探讨 [J]. 钢铁, 1990, 25 (7): 16-22.

[47] 李远洲, 李晓红, 孙亚琴. 固体石灰在 CaO-MgO (=7.4%-8.0%)-Fe$_t$O-SiO$_2$ 渣系中的溶解速度实验研究 [J]. 钢铁, 1993, 28 (10): 18-23.

[48] 李远洲, 范鹏, 沈新民, 等. 固体石灰在转炉渣中的溶解动力学初步研究 [J]. 钢铁, 1989, 24 (11): 22-28.

[49] 孟金霞, 陈伟庆. 活性石灰在炼钢初渣中的熔解研究 [J]. 炼钢, 2008, 24 (2): 54-58.

[50] 李仁志, 韩晔, 韩云元. 活性石灰在转炉炼钢中的应用 [J]. 钢铁, 1989, 24 (10): 11-16.

[51] 刘世洲, 李名俊. 加速活性石灰在复吹转炉的应用 [J]. 炼钢, 1997 (3): 62-66.

[52] 刘青川. 浅谈活性石灰对炼钢影响 [J]. 一重技术, 2006 (1): 26-27.

[53] 王雨, 郭戌, 谢兵, 等. 转炉脱磷炉渣中石灰溶解的动力学 [J]. 钢铁研究学报, 2011, 23 (5): 8-10.

[54] Elliott L, Wang S M, Wall T, et al. Dissolution of lime into synthetic coal ash slags [J]. Fuel Processing Technology, 1998 (56): 45-53.

[55] Deng T F, Glaser B, Du S C. Experimental design for the mechanism study of lime dissolution in liquid slag [J]. Steel Research International, 2012, 83 (3): 259-268.

[56] Deng T F, Du S C. Study of lime dissolution under forced convection [J]. Metallurgical and Materials Transactions B, 2013, 43B (6): 578-586.

[57] Kitamura S, Yonezaw A K, Ogawa Y, et al. Improvement of reaction efficiency in hot metal dephosphorization [J]. Ironmaking and Steelmaking, 2002, 29 (2): 121.

[58] Ogawa Y, Yano M, Kitamura S, et al. Development of continuous dephosphorization and

decarbonization process using BOF [J]. Tetsu-to-Hagane, 2001, 87 (1): 21.

[59] Torii K. Improvement of dephosphorization capacity in SRP [J]. CAMP-ISIJ, 1998 (11): 142.

[60] Tanaka S. Development of steelmaking process with minimum slag generation in No. 3 SMS, Fukuyama Works [J]. CAMP-ISIJ, 1997 (11): 144.

[61] Song H. Hot metal pretreatment in a converter [J]. CAMP-ISIJ, 1997 (10): 781.

[62] Wakamastu S. Dephosphorization at hot metal pretreatment in a BOF vessel [J]. CAMP-ISIJ, 1996 (9): 864.

[63] Mastsuo T, Masuda S. Dephosphorization of hot metal in a top and bottom blowing converter with BOF-slag-based flux [J]. Tetsu-to-Hagane, 1990, 76 (11): 1809.

[64] Masaki Ina. Metallurgical characteristics of LD type hot metal pretreatment [J]. CAMP-ISIJ, 1991 (4): 1154.

[65] Yoshida K, Yamazaki I, Tozaki Y, et al. Development of effective refining process consisting of both hot metal pretreatment and decarbonization in two top and bottom blown converters [J]. Tetsu-to-Hagane, 1990, 76 (11): 1817.

[66] Nashiwa H, Adachi T, Okazaki T, et al. Dephosphorization in BOF at Wakayama Works [J]. Ironmaking and Steelmaking, 1981, 9 (1): 29.

[67] 谯明成. 电弧炉全过程石灰石炼钢工艺 [J]. 四川冶金, 1987 (2): 14-18.

[68] 谯明成, 王代洲, 胡茂会, 等. 电弧炉全程石灰石快速炼钢工艺的试验研究 [J]. 炼钢, 1994 (8): 21-25.

[69] 谯明成. 电弧炉全程石灰石快速炼钢工艺熔氧精炼原理初探的试验研究 [J]. 炼钢, 1995 (12): 56-61.

[70] 谯明成, 王代洲, 王学涵. 新的电弧炉全程石灰石炼钢工艺 [J]. 四川冶金, 1994 (3): 40-43.

[71] 梁永安, 苏鹤洲, 肖次火. 电弧炉石灰石快速炼钢工艺的实践与研究 [J]. 炼钢, 1992 (10): 35-39.

[72] 谷庆臣, 杨春红, 秦成福. 石灰石式单渣熔炼工艺的应用 [J]. 煤炭技术, 1999, 18 (2): 23-24.

[73] 李宏, 曲英. 一种在氧气顶吹转炉中用石灰石代替石灰造渣炼钢的方法: 中国, CN101525678 [P]. 2009-04-22.

[74] 李宏. 氧气转炉用石灰石代替石灰造渣炼钢节能减排技术 [J]. 金属世界, 2010 (6): 5-8.

[75] 李宏, 曲英. 氧气转炉炼钢用石灰石代替石灰节能减排初探 [J]. 中国冶金, 2010, 20 (9): 45-48.

[76] 李宏, 郭洛方, 李自权, 等. 转炉低碳炼钢及用石灰石代替石灰的研究 [C]//第十六届全国炼钢学术会议论文集. 深圳: 中国金属学会, 2010: 116-120.

[77] Li H, Guo L F, Li Z Q, et al. Research of low-carbon mode and on limestone addition instead of lime in the BOF steelmaking [J]. ISIJ International, 2010, 17 (S2): 23-27.

[78] 李自权, 李宏, 郭洛方, 等. 石灰石加入转炉造渣的行为初探 [J]. 炼钢, 2011, 27

(2)：33-36.

[79] Song W C，Li H，Guo L F，et al. Analysis on energy-saving and CO_2 emissions reduction in BOF steelmaking by substituting limestone for lime to slag ［C］//2011 International Conference on Materials for Renewable Energy & Environment Proceedings，Shanghai：CES，2011：991-994.

[80] Guo L F，Li H，Li Z Q，et al. Discussion on the decomposition laws of limestone during converter steelmaking process by static decomposition model under constant temperature ［J］. Advanced Materials Research，2011，233-235：2648-2653.

[81] Li H，Guo L F，Li Y Q，et al. Industrial experiments of using limestone instead of lime for slagging during LD-steelmaking process ［J］. Advanced Materials Research，2011，233-235：2644-2647.

[82] 李宏，冯佳，李永卿，等. 转炉炼钢前期石灰石分解及 CO_2 热力学氧化作用的分析 ［J］. 北京科技大学学报，2011，33（S1）：83-87.

[83] Li Y Q，Li H，Guo L F，et al. The influence of decomposition and slagging of limestone to temperature in converter ［J］. Advanced Materials Research，2012，490-495：3836-3839.

[84] 李宏. 石灰石直接利用の転炉製鋼法 ［J］. CAMP-ISIJ，2012，25：311.

[85] 宋文臣，李宏，郭洛方，等. 石灰石代替石灰造渣炼钢减排 CO_2 的研究 ［J］. 中国冶金，2012，22（6）：50-54.

[86] 郝伟新. 石灰石代替石灰在转炉炼钢中的应用实践 ［J］. 黑龙江冶金，2013，33（5）：28-29.

[87] 王鹏飞，张怀军. 石灰石代替石灰炼钢造渣效果研究 ［J］. 包钢科技，2012，38（4）：30-32.

[88] 石磊，钱高伟，朱志鹏，等. 转炉采用石灰石代替部分石灰的工业试验 ［J］. 武钢技术，2013，51（4）：23-25.

[89] 张杰新，阮铭. 石灰石在转炉炼钢工艺上的应用 ［J］. 重钢技术，2014，57（2）：25-27.

[90] 冯佳，年武，李晨晓，等. 石灰石在转炉中与铁水相互作用的研究 ［J］. 材料与冶金学报，2014，13（2）：119-124.

[91] 秦登平，杨建平，危尚好，等.100t 顶吹氧气转炉石灰石造渣炼钢技术的分析和工艺实践 ［J］. 特殊钢，2014，35（5）：34-36.

[92] 陈利，陆志坚，唐军. 高铁水比生产中石灰石替代部分石灰造渣的实践 ［J］. 柳钢科技，2012（6）：4-6.

[93] 董大西，冯佳，年武，等. 石钢 60t 转炉采用石灰石替代石灰造渣炼钢试验 ［J］. 中国冶金，2013，23（11）：58-61.

[94] 刘德宏，王邦春，胡昌志. 石灰石在重钢转炉炼钢中的应用 ［C］//第九届中国钢铁年会论文集. 北京：中国金属学会，2013：1-3.

[95] 解英明. 石灰石作为 120t 顶底复吹转炉终点钢水调温剂的生产应用 ［J］. 特殊钢，2013，34（5）：44-46.

[96] 朱志鹏，沈钱，钱高伟．转炉使用石灰石代替石灰炼钢对转炉煤气回收的影响［C］//第十七届全国炼钢学术会议文集．杭州：中国金属学会炼钢分会，2013：1475-1479.

[97] 年武，冯佳，李晨晓，等．氧气转炉采用石灰石造渣炼钢铁水中硅挥发的分析［J］．北京科技大学学报，2014，36（增刊1）：122-125.

[98] 李宏，冯佳，李永卿，等．转炉炼钢前期石灰石分解及 CO_2 氧化作用的热力学分析［J］．北京科技大学学报，2011，33（增刊1）：83-87.

[99] 田志国，汤伟，潘锡泉．氧气转炉采用石灰石替代部分石灰冶炼的应用分析［J］．金属材料与冶金工程，2012，40（3）：31-35.

[100] 薛正良，柯超，刘强．高温快速煅烧石灰的活性度研究［J］．炼钢，2011，27（4）：37-40.

[101] 魏宝森．石灰石在转炉炼钢中的应用［J］．材料与冶金学报，2012，11（3）：157-159.

[102] 田志国，汤伟，潘锡全．氧气转炉采用石灰石替代部分石灰冶炼的应用分析［J］．金属材料与冶金工程，2012，40（3）：31-35.

[103] Roth C, Peter M, Schindler M, et al. Cold model investigations into the effects of bottom blowing in metallurgical reactors [J]. Steel Research International, 1995, 66 (8): 325-330.

[104] Nakanishi K, Kato Y, Nozaki T, et al. Cold model study on the mixing rates of slag and metal bath in Q-BOP [J]. ISIJ International, 1980, 66 (9): 1307-1316.

[105] Stiovic T, Kock K. Bottom blowing investigations on a cold model reactor to optimize mixing behavior in metallurgical process [J]. Steel Research International, 2002, 73 (9): 373-377.

[106] 吴伟，吴志宏，邹宗树．150t 顶底复吹转炉脱磷工艺参数的研究［J］．炼钢，2005，21（2）：30-33.

[107] 吴伟．复吹转炉冶炼中高磷铁水的应用基础研究［D］．沈阳：东北大学，2003.

[108] 王楠，陈敏，刘江伟．50t 复吹转炉底透气砖布置的水模实验研究［J］．过程工程学报，2008，8（增刊1）：236-239.

[109] 倪红卫，喻淑仁，邱玲慧．90t 复吹转炉水模实验研究［J］．炼钢，2002，18（3）：3-43.

[110] 李军成，温良英，陈登福．210t 双联复吹转炉水模实验研究［J］．过程工程学报，2010，10（增刊1）：43-47.

[111] 孙丽娜，吴国玺，谭明祥．150 吨复吹转炉底部供气模拟研究［J］．辽宁科技学院学报，2006，8（2）：1-3.

[112] Protopopov E V, Galiullin T R, Chernyatevich A G, et al. Powder injection into slag in a converter [J]. Steel in Translation, 2009, 39 (4): 295-299.

[113] Galiullin T R, Protopopov E V, Chernyatevich A G, et al. Hydrodynamic and mass-transfer processes in the converter cavity on injection of gas-powder jets into the slag melt [J]. Steel in Translation, 2007, 37 (10): 825-828.

[114] Ono H, Masui T, Mori H, et al. Dephosphorization kinetics of hot metal by lime injection using oxygen gas [J]. ISIJ International, 1983, 69 (15): 1763-1770.

[115] 冶金部复吹专家组，宝钢设计研究院．氧气顶底复吹转炉设计参考［M］．北京：冶金

工业出版社，1994：64-66.

[116] 日本川崎公司. 从顶底复合吹转炉的顶部氧枪喷吹石灰粉 [J]. 川崎制铁技报，1983
(2)：120-125.

[117] 王学斌，冯明霞，刘崇林，等. 复吹转炉底吹喷粉实验研究 [J]. 材料与冶金学报，
2009，8 (1)：12-15.

[118] 王楠，张利兵，邹宗树. 决定铁水包喷粉脱硫效率的三个基本参数 [J]. 钢铁研究学
报，2000，12 (增刊)：10-15.

[119] 彭在美. 马钢 12 吨氧气底吹转炉喷粉设备设计与试验研究 [J]. 重型机械，1984
(2)：42-47.

[120] 关立华，齐世凯，邓开文. 底吹氧气转炉喷粉冶炼含 3% 高磷半钢 [J]. 钢铁，1982，
17 (8)：11-17.

[121] 欧俭平，陈兆平，罗志国，等. 鱼雷罐喷粉预处理传输动力学物理模拟：均混时间和
粉剂穿透比研究 [J]. 包头钢铁学院学报，2001，20 (3)：195-199.

[122] 欧俭平，陈兆平，罗志国，等. 鱼雷罐喷粉预处理传输动力学物理模拟：粉剂停留时
间研究 [J]. 包头钢铁学院学报，2001，20 (3)：200-202.

[123] 侯勤福，罗志国，胡春霞. 鱼雷罐喷粉预处理过程水模研究 [J]. 包头钢铁学院学报，
2002，21 (3)：219-222.

[124] 陶启兆，苏廷宁，刘开文. 顶吹转炉喷粉脱磷工艺实验 [J]. 钢铁，1983，18 (3)：
51-54.

[125] 邓开文，钱国钧，杨林章，等. 氧气底吹转炉喷粉吹炼含 3% 磷的高磷半钢 [J]. 钢铁
研究学报，1982，1 (2)：13-18.

[126] 郭征，佟溥翘，钱国钧，等. 底吹 $CaCO_3$ 粉剂转炉复合吹炼法的研究 [J]. 炼钢，1993
(2)：25-30.

[127] 赵成林，李建伟，邹宗树. CAS-OB 喷粉过程中精炼粉剂穿透行为的研究 [J]. 中国冶
金，2006，16 (8)：30-33.

[128] 周建安，孙中强，占东平. 铁水包顶底喷粉脱硫对比试验研究 [J]. 东北大学学报，
2012，33 (1)：90-93.

[129] 张峻裕. 关于石灰石的煅烧及其改进 [J]. 纯碱工业，1989 (2)：34-36.

[130] 萬谷志郎. 钢铁冶炼 [M]. 李宏，译. 北京：冶金工业出版社，2001.

[131] 唐彪，王晓鸣，邹宗树，等. 石灰石转炉炼钢静态模型 [J]. 东北大学学报 (自然科
学版)，2014，35 (4)：534-538.

[132] 王令福. 炼钢设备及车间设计 [M]. 北京：冶金工业出版社，2007.

[133] 王学斌，张珊珊，张炯. 复吹转炉成渣过程对脱磷的影响 [J]. 莱钢科技，2010 (6)：
1-3，11.

[134] 冶金工业信息标准研究院. YB/T 105—2005 冶金石灰物理检验方法 [M]. 北京：冶金
工业出版社，2005.

[135] 王俭. 渣图集 [M]. 北京：冶金工业出版社，1989：81-82.

[136] Tang B, Li B, Ma Z. Decomposition behavior and kinetics of limestone in early converter slag

[J]. Metall. Res. Technol. , 2020, 117 (2): 205-208.

[137] Tang B, Xiang Q F, Wang J, et al. Kinetics of limestone decomposition in hot metal [J]. Metall. Res. Technol. , 2018, 115 (6): 611-6119.

[138] Tang B, Wang X M, Zou Z S, et al. Decomposition of limestone in hot metal at 1300 ℃ [J]. Steel Research International, 2016, 87 (2): 226-231.

[139] 鞭岩, 森山昭, 蔡志鹏, 等. 冶金反应工程学 [M]. 北京: 科学出版社, 1981: 84-87.

[140] 叶大伦, 胡建华. 无机物热力学数据 [M].2 版. 北京: 冶金工业出版社, 2002: 194-195.

[141] 张先棹. 冶金传输原理 [M]. 北京: 冶金工业出版社, 2004: 171, 379-380.

[142] 卡尔 L. 约斯. Matheson 气体数据手册 [M].7 版. 北京: 化学工业出版社, 2003: 128.

[143] 黄希祜. 钢铁冶金原理 [M]. 北京: 冶金工业出版社, 2004: 153.

[144] Poirier D R, Geiger G H. Transport Phenomena in Materials Processing [M]. New York City: John Wiley & Sons Incorporated, 1998: 194.

[145] Gilliland E R. Diffusion coefficients in gaseous systems [J]. Industrial and Engineering Chemistry, 1934, 26 (6): 681-685.

[146] Fuller E N, Schettler P D, Giddings J C. A new method for prediction of binary gas phase diffusion coeffcients [J]. Industrial and Engineering Chemistry, 1966, 58: 19-27.

[147] 金灿中, 吕亚, 刘磊. 150t 转炉 5 孔氧枪喷头的设计与应用 [J]. 宽厚板, 2012, 18 (4): 36-39.

[148] 刘忠. 本钢 150t 转炉 5 孔水冷吹氧喷头的设计与应用 [J]. 钢铁研究, 2009, 36 (3): 51-54.

[149] 王宝和, 王喜忠. 计算球形颗粒自由沉降速度的一种新方法 [J]. 粉体技术, 1996, 2 (2): 30-39.

[150] 潘兆明, 高玉兴. 向熔池顶喷石灰粉造渣的研究 [J]. 鞍钢技术, 1988 (11): 34-39.

[151] 徐匡迪. 喷吹冶金中的若干理论问题 [J]. 特殊钢, 1980 (1): 38-48.

[152] 唐彪, 王晓鸣, 邹宗树, 等. 复吹转炉氧枪喷吹石灰石颗粒的物理模拟 [J]. 东北大学学报 (自然科学版), 2014, 35 (5): 695-699.

[153] Tang B, Wang X, Zou Z, et al. Physical simulation of converter steelmaking with powder injection [J]. Canadian Metaliurgical Quarterly, 2016, 55 (1): 124-130.